高等教育工业设计专业系列实验教材

U0383311

中国建筑工业出版社

形 态 构 成
FORM COMPOSITION
从构思到产品设计
FROM CONCEPTION TO PRODUCT DESIGN

王 丽　傅桂涛　主 编
骆 琦　吴 迪　副主编

图书在版编目（CIP）数据

形态构成：从构思到产品设计／王丽等主编．—北京：
中国建筑工业出版社，2018.9（2024.12重印）
高等教育工业设计专业系列实验教材
ISBN 978-7-112-22639-9

Ⅰ．①形…　Ⅱ．①王…　Ⅲ．①产品设计－高等学校－教材
Ⅳ．①TB472

中国版本图书馆CIP数据核字（2018）第204598号

责任编辑：贺　伟　吴　绫　唐　旭　李东禧
书籍设计：钱　哲
责任校对：王　瑞

　　本书附赠配套课件，如有需求，请发送邮件至1922387241@qq.com获取，
并注明所要文件的书名。

高等教育工业设计专业系列实验教材

形态构成　从构思到产品设计

王丽　傅桂涛　主编
骆琦　吴迪　副主编
*
中国建筑工业出版社出版、发行（北京海淀三里河路9号）
各地新华书店、建筑书店经销
北京锋尚制版有限公司制版
建工社（河北）印刷有限公司印刷
*
开本：850×1168毫米　1/16　印张：9½　字数：253千字
2019年6月第一版　2024年12月第二次印刷
定价：58.00元（赠课件）
ISBN 978-7-112-22639-9
　　　　（32705）

总序
FOREWORD

仅仅为了需求的话，也许目前的消费品与住房设计基本满足人的生活所需，为什么我们还在不断地追求设计创新呢？

有人这样评述古希腊的哲人：他们生来是一群把探索自然与人类社会奥秘、追求宇宙真理作为终身使命的人，他们的存在是为了挑战人类思维的极限。因此，他们是一群自寻烦恼的人，如果把实现普世生活作为理想目标的话，也许只需动用他们少量的智力。那么，他们是些什么人？这么做的目的是为了什么？回答这样的问题，需要宏大的篇幅才能表述清楚。从能理解的角度看，人类知识的获得与积累，都是从好奇心开始的。知识可分为实用与非实用知识，已知的和未知的知识，探索宇宙自然、社会奥秘与运行规律的知识，称之为与真理相关的知识。

我们曾经对科学的理解并不全面。有句口号是"中学为体，西学为用"，这是显而易见的实用主义观点。只关注看得见的科学，忽略看不见的科学。对科学采取实用主义的态度，是我们常常容易犯的错误。科学包括三个方面：一是自然科学，其研究对象是自然和人类本身，认识和积累知识；二是人文科学，其研究对象是人的精神，探索人生智慧；三是技术科学，研究对象是生产物质财富，满足人的生活需求。三个方面互为依存、不可分割。而设计学科正处于三大科学的交汇点上，融合自然科学、人文科学和技术科学，为人类创造丰富的物质财富和新的生活方式，有学者称之为人类未来"不被毁灭的第三种智慧"。

当设计被赋予越来越重要的地位时，设计概念不断地被重新定义，学科的边界在哪里？而设计教育的重要环节——基础教学面临着"教什么"和"怎么教"的问题。目前的基础课定位为：①为专业设计作准备；②专业技能的传授，如手绘、建模能力；③把设计与造型能力等同起来，将设计基础简化为"三大构成"。国内市场上的设计基础课教材仅限于这些内容，对基础教学，我们需要投入更多的热情和精力去研究。难点在哪里？

王受之教授曾坦言："时至今日，从事现代设计史和设计理论研究的专业人员，还是凤毛麟角，不少国家至今还没有这方面的专业人员。从原因上看，道理很简单，设计是一门实用性极强的学科，它的目标是市场，而不是研究所或书斋，设计现象的复杂性就在于它既是文化现象同时又是商业现象，很少有其他的活动会兼有这两个看上去对立的背景之双重影响。"这段话道出了设计学科的某些特性。设计活动的本质属性在于它的实践性，要从文化的角度去研究它，同时又要从商业发展的角度去看待它，它多变但缺乏恒常的特性，给欲对设计学科进行深入的学理研究带来困难。如果换个角度思考也许会有帮助，正是因为设计活动具有鲜明的实践特性，才不能归纳到以理性分析见长的纯理论研究领域。实践、直觉、经验并非低人一等，理性、逻辑也并非高人一等。结合设计实践讨论理论问题和设计教育问题，对建设设计学科有实质性好处。

对此，本套教材强调基础教学的"实践性"、"实验性"和"通识性"。每本教材的整体布局统一为三大板块。第一部分：课程导论，包含课程的基本概念、发展沿革、设计原则和评价标准；第二部分：设计课题与实验，以 3~5 个单元，十余个设计课题为引导，将设计原理和学生的设计思维在课堂上融会贯通，课题的实验性在于让学生有试错容错的空间，不会被书本理论和老师的喜好所限制；第三部分：课程资源导航，为课题设计提供延展性的阅读指引，拓宽设计视野。

本套教材涵盖工业设计、产品设计、多媒体艺术等相关专业，涉及相关专业所需的共同"基础"。教材参编人员是来自浙江省、江苏省十余所设计院校的一线教师，他们长期从事专业教学，尤其在教学改革上有所思考、勇于实践。在此，我们对这些富有情怀的大学老师表示敬意和感谢！此外，还要感谢中国建筑工业出版社在整个教材的策划、出版过程中尽心尽职的指导。

叶丹 教授
2018 年春节

前言
PREFACE

　　从教近十五年，一直担任工业设计专业与家具设计专业的设计基础课程教学。策划编写本书既是任教多年经验的积累，也是阶段性教学的总结与反思。

　　包豪斯创建的构成基础课程对现代设计教育有着巨大的影响。它以科学、严谨的理论为依据，摆脱旧有教学理念、教学模式的束缚，融合了各种现代艺术流派的精神与成果，对形态与构成方法、构成规律进行了深入的研究，成为有效培养有创新能力、理论与实践相结合的艺术设计人才的一个系统、完整的课程体系。这个设计构成的教学课程体系，给我国的现代设计基础教育带来了新的观念和新的启发，培养了许多具有创新价值的艺术与技术相结合的设计人才。但是，随着时代的发展，我们的生活方式、生活理念、审美情趣都发生了巨大的改变，现代设计理念与艺术教育理念也在不断更新，对三大构成的教学体系也有了更新、更深入的认识，同时，也清楚地看到在构成基础教学中的缺失与存在的问题。其一，传统的三大构成是三个相对独立的教学模块，进行分段式教育，虽然对于单个课程的教学研究相对深入细致，但对于课程之间的相互关系的教学研究不够，学生的学习相对孤立，缺乏整体系统的学科观念。学生对于形态从二维到三维的空间思维的转换较弱，忽略了二维和三维之间形态的相互关系和作用。其二，构成设计是一门引导学生从基础到设计过渡的课程，现在的传统设计构成基础教学面向以大类招生的学生群体，上该课时，专业不明朗，因此缺乏向设计领域的有效延伸和拓展。特别是工业设计、家具设计等专业，构成与设计的关系尤其密切，在课堂上，学生没有树立牢固的"构成为设计服务"的概念。其三，设计构成虽然是西方包豪斯引进的教学理念，但在教学上也应该加入我们自己的传统与民族特色，应该跟得上流行与时尚的发展，成为更接地气的设计基础课程。

　　"形态构成"这门课程，融合了三大构成的部分内容，我们提倡一种开放式的、综合性的教学模式和课程方式，遵循从整体出发、综合运用的原则。学习和研究形态构成基本规律和方法，从点、线、面、体、材料、色彩、空间等基本元素入手寻求相关知识点的链接与转换，探寻彼此之间横向发展的联系，建立一个整体的知识观念。不仅让学生研究最基本的设计构成的形式与内容，更重要的是帮助学生学习设计创新的思维观念和过程。另外，一个非常重要的环节就是，合理有效地设计课题训练，课题是教学诸多方面的知识连接点，也是具有试验性和挑战性的教学环节。学生完成课题的过程，不仅是对知识的学习和运用的融会贯通，同时也培养了独立思考、分析问题、解决问题的能力。课题的设计具体有多元性、时代性、包容性和综合性，最终导向设计应用领域。从简单到复杂，从平面到立体，从立体到空间，循序渐进，每一个课题解决一个问题。这样有利于学生的整体学习和理解，有利于激发学生学习的综合性思考、知识的综合性运用，提高学生举一反三、融会贯通的学习和设计的能力。

通过该课程的学习，学生应掌握如何创造形态、处理形与形之间的关系，运用美的形式法则，构成设计所需要的图形，学会从二维到三维的空间形态思维能力的转变，从而培养学生的造型能力、审美能力，提高学生的创新思维与想象能力，启迪设计灵感，为真正成为一名产品设计师做准备。

限于本人能力有限，术业未精，书中难免存在一些错误和不足，希望能够收获同行的批评与指正，以弥补本人视野和理念上的不足。

在此感谢中国建筑工业出版社的编辑为本书付梓提供的机遇和支持；感谢系列教材主编潘荣、叶丹、周晓江三位教授的组织、策划和协调，特别感谢叶丹教授对我的指导和鼓励；感谢承担搜集资料、编辑插图等工作的研究生李磊、汪婷、楼可侒同学和本科生王雯藜、陈旭、张玮伦、施颖洁、徐浙青、滕灵豪、李晓惠、陈姝颖等同学；感谢陈姝颖同学设计了封面插图；感谢提供设计作品的浙江农林大学工业设计专业和家具设计专业历届同学。

王丽
2018 年 5 月

目 录
CONTENTS

01

第 1 章　课程导论

第1章 课程导论

1.1 课程概述

形态构成是工业设计与家具设计的专业基础课，课程立足三大构成的经典理论，面向产品设计的实际需求，系统总结了从基本元素点、线、面、体的造型出发到产品的转化，将基础知识和技能融入实践课题进行系统的学习。

为了更好地接受教学内容，要求先修课程包括素描色彩、效果图表现技法等绘画基础技能，这对于从未拿过画笔的工科生而言尤其重要，形态构成除了创造性思维能力的培养之外，更加强调动手能力，包括通过绘画、制作、模型或者计算机辅助设计（3D 建模软件）等表现手法来实现心中的构思。

授课采取知识点和设计实践课题相结合的方式，通过知识点解读、案例分析和设计实践、总结感悟的过程来培养学生的形态设计能力。也可采用翻转课堂的教学模式，将理论和案例部分交由学生自学，而将答疑、讨论与方案检讨、总结提高等环节结合起来在课堂互动中实施。

本课程的实践课题的设置可以灵活选择、取舍、调整和改革。结合各校人才培养计划、教学大纲和课时等具体情况，统筹考虑对创造性思维开发影响显著并有助于激发学生学习热情的典型性课题。另外，从知识需要不断更新和丰富的角度来看，也需要不断融入形态构成教学研究的新成果，灵活地调节课题内容。

1.2 课程教学模式的沿革和发展

形态构成是整个现代设计教育体系中的重要组成部分，一直是各大设计院校设立的必修课程之一，是训练学生将设计基础与专业设计思维接轨的一门重要课程，旨在给学生创建一个由感性思维向理性思维转化的平台，研究如何从自然形态中发现、提取抽象形态，如何进行人化形态的转化。学习点、线、面、体等形态语言、材料语言、空间语言、色彩语言之间的组合与协调，并将构成原理和形式法则等运用于实践之中。学会利用语境实现设计语意，形成设计概念，逐步培养学生的设计思维，促进设计观念的创新。形态构成中的构成理念实际上是对世界的发现、分析、理解、解构、重构、创造的过程。在这个过程中，人是主要的参与者、创造者、感受者。宇宙万物大到宏观世界，小到微观原子无不存在着构成元素。"构成"是一种态度，是对产品设计中构成思维的培养，为大胆取舍、假设提供了依据。通过对构成理论的学习，学生可以掌握并灵活运用构成原理，了解构成的表现形式、媒介特征、应用范围、传播手段，变被动为主动，通过解构、重构、分析、变现的方式重新创造世界。学生通过对自然形态、物质形态进行科学系统的分析与研究，可以全面掌握创造的基本规律和法则。形态构成这门基础课程适用于工业设计和家具设计专业，它作为一种思维模式，可以解读产品造型领域里的形态。

形态构成这门课程突破了传统的三大构成和基本课程的教学模式，打破了课程和课程之间的壁垒，以空间的维度为划分依据，把平面构成、色彩构成、立体构成、专业色彩等课程进行整合，平面构成与立体构成综合为"形态构成"，专业色彩和色彩构成综合为"设计色彩"。新设立的两门课程之间相互联系、相互作用，从形态、空间、结构、材料、色彩几大元素入手，寻求相关知识点的链接与转化。引导学生从二维空间到三维空间的探索，从感性思维到理性思维的跨越，建立一个整体系统的学科观念。

1.3 本书内容及特点

从构思到产品设计，侧重的教学点在于过程，这是工业设计专业形态构成课程的特色。循序渐进的课程设计安排是过程，基础、技能、审美、应用的训练内容是过程，课题式构成实验的实践也是过程，如图 1-1、图 1-2 所示。

教学目标：专业能力、知识能力、实践能力

课程定位：工业设计专业基础课教材

教学重点：重点掌握设计构成从二维平面形象到三维立体空间的两种构成表现，构成作为一种艺术训练、设计的桥梁，着重引导学生了解造型观念，训练抽象构成能力，培养综合审美能力。

教学难点：元素、造型、材料、力学、美学，丰富的形式语言的表达

适用课程：平面构成、立体构成、设计构成等

课程设计理念：循序渐进的课程设计安排

　　　　　　　课题式实验教学方法的导入

　　　　　　　基础课与专业课的相互衔接

课程内容设置：感知力：形态构成基础篇

　　　　　　　表达力：形态构成技能篇

　　　　　　　审美力：形态构成审美篇

　　　　　　　创造力：形态构成应用篇

课程教学特色：注重构成实验的过程

　　　　　　　注重设计思维的引导

　　　　　　　注重实践与课后感悟

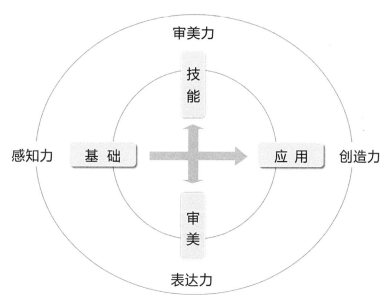

图 1-1 课程教学设计框架

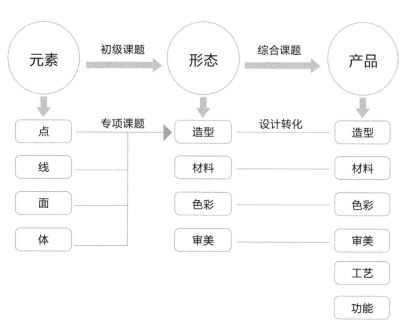

图 1-2 课程课题化教学内容框架

1.4　如何使用本书

　　全书理论教学容量为 24 课时，每课时配套实践课时 2～4 课时，可根据不同培养方案选择模块组合方案，48 课时（理论 12 课时，实践 36 课时）、72 课时（理论 24 课时，实践 48 课时）等不同教学方案。

建议课时分配表

第 1 章　课程导论　4 课时

第 2 章　形态构成与实验　68 课时

　　2.1　设计构成基础篇［元素·形态］12 课时

　　2.2　形态构成技能篇［造型·表现］24 课时

　　2.3　形态构成审美篇［形式·美感］12 课时

　　2.4　设计构成应用篇［构成·设计］20 课时

第 3 章　课程资源导航

全书分四个设计项目，每个项目下有数个设计课题，每个课题针对一个或多个知识点。每个课题有对这个课题内容的描述、学习目的、实践要求、设计案例、知识点、设计实践等，根据每个设计课题的特点、难易程度等有所变化。

学生可先结合案例和课题描述了解本课题的大概内容，然后仔细阅读知识点和教学示例，理解概念的内涵和应用方法，再按照设计要求进行设计实践，在与教师讨论设计方案的过程中加深对知识点的理解，最后思考与其他知识点的联系，逐步建立设计思维的网络结构。

资源导航中的优秀课堂作业、产品设计案例和网络资源可以作为设计课题的参考。

02

第 2 章　形态构成与实验

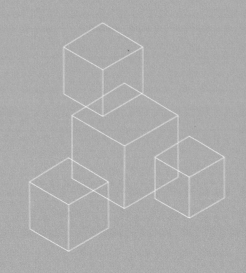

第2章 形态构成与实验

2.1 形态构成基础篇 [元素 · 形态]

形态构成元素

构成即构造、组成，就是将不同形态的几个单元按照一定的形式美法则组合为新的、有意味的形态，体现一种创造性的行为。形态构成是一个现代设计术语，是一种现代设计教育的造型观念。所谓"形态构成"，是以各种元素，如点、线、面、色彩、空间、材料、光甚至情感元素等为素材，按照一定的设计目的、设计原理，对其进行组合、搭配、重构，创造形成完整的、具有表现力的视觉关系。从视觉、感觉、触觉、听觉甚至嗅觉等方面上满足人们心理、生理、精神的需求。

形态构成是一种创造方法。它强调创造性，不同于以往依据原型进行描绘、模仿、变形的造型概念，它是对创造性思维能力的培养。形态构成是一种分析方法，它强调分析性，探求各元素之间的组织、协调关系，满足人们精神与物质的需求。

点、线、面是形态构成中最基本的元素，也是形态塑造的重要基础。课题从"认识构成——寻找与发现'构成的语言'、观察自然——改变看的方式、记录形态——抽象的画"的层面，通过认识、观察、记录这些过程，了解设计构成的元素和形态，并对大自然的形态进行概括提炼，用抽象的语言、最基本的元素，创造设计中所需要的各种形态。从二维到三维空间，学习研究形态创造的规律和方法是研究设计构成的重要内容。

2.1.1 设计课题1 认识构成——寻找与发现"构成的语言"

课题名称：寻找与发现"构成的语言"

教学目的：让学生深入理解什么叫构成

作业要求：对于校园、寝室、教室等与自己生活学习相关的场所，以独特的视角再次观察，从中
　　　　　寻找与发现相关的"构成的语言"元素。用摄影的手法收集图片并将其整理在一张 A4
　　　　　纸上。

评价依据：（1）对生活观察角度独特。

　　　　　（2）所选择的场景或者构图本身形态美观。

　　　　　（3）能从中解析出构成的元素与排列美感。

1. 案例解析

山水间文具置物座

　　苏州博物馆自身的建筑形态就是一件艺术品，苏博的文创产品的设计，一是融合馆藏的元素，二
是围绕苏州地方文化的元素，三是围绕建筑元素。山水间文具置物座这款产品就是源自于苏州博物馆
内的片石假山山水园，贝聿铭在创作之初，拿着按比例缩小的小石片模型守在沙盘边，专注地摆弄堆
砌心中的米式写意山水。山水间文具置物座的灵感来源正是贝聿铭创作苏州博物园时的乐趣与情怀。
"山"与"水"的抽象元素极有韵味的排列，正是一则好的构成语言。"苏博映橡"片石假山橡皮擦也
是采用同类元素的构成排列。四则丝绸明信片的园林、建筑、山水、窗格均是围绕苏州博物馆的抽象
元素，经重新排列达到美感后的构成语言体现（图2-1）。

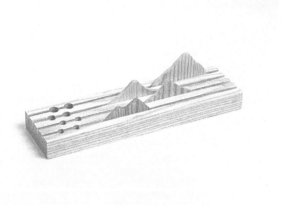

白蜡木版本

黑胡桃木版本

图2-1 苏州博物馆及文创产品

　　丹麦设计师 Simon Karkov 设计的 Norm69 灯具（图 2-2）与荷兰设计师 Richard Hutten 设计的 Moooi 灯具（图 2-3），两件经典灯具的设计灵感分别来源于松果及蒲公英的外形。moooi 是荷兰创造的设计品牌，moooi 的名字本身来自于荷兰语的"美丽"（mooi），多加了一个字母 o，意思是再多加一分美丽。在设计中不难看出构成的语言——点线面体化及立体型材综合塑造等表现方法的应用。

图 2-2　Norm69 灯具　　　　　　　　　图 2-3　Moooi 灯具

2. 知识点：什么叫构成 / 构成与设计的关系

构成侧重分解，它把对象分解成最小的单元，点、线和面，然后再根据作者的思想配合一个规律重新组合成一个新的形态。"构成"是没有目的的纯粹造型，强调的是创造的过程。"设计"是与实用相联系（功能、材料、加工法、形态），解决某一个问题。

构成是一门设计基础课程，学习与研究形态的基本构成法则，培养艺术感受，提高审美能力。我们学习这门知识的根本目的是"为设计服务"。

在构成图形的发散创造过程中，选择"卜"进行设计语言的练习。①功能：坐；②材料：金属与木材；③形态：仿鹿腿的弯曲，包括面的镂空也是仿生鹿皮的形态；④加工法：金属折弯和雕刻工艺。由此达到从构成到设计的转化（图 2-4）。

在米兰设计周上，有 50 把用不锈钢制作的椅子被摆放在很有历史感的庭院中。椅子有很多姿态，跳跃着的、捆绑着的、疾行而过的或呈悄悄溜走状的……每一把椅子都有自己的性格和情绪，人们可以更直观地感受到这些椅子被设计师所赋予的生命力与个性。这些椅子使用的也是"高度扁平和抽象化"的构成形态表达方式，结合一定的材质与工艺，达到设计的转化（图 2-5）。

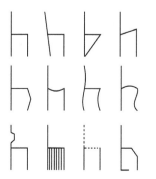

图 2-4　从构成到设计的转化

图 2-5　Nendo 2016 米兰设计周上展出的椅子

图 2-6 构成语言练习（作者：王雯藜、董晓楠、琚思远、吴旭俊 / 指导：王丽）

3. 设计实践：寻找与发现校园中的构成语言

这个课题的设计，要求学生去发现周围世界不一样的美，寻找平时里忽略的美，用构成的语言去感知与体会，把课堂的知识点真正理解与消化，成为自己身体的一部分。从理性思维慢慢转化为感性思维，这对于启发一名产品设计师的审美起到非常大的作用。

校园中的建筑、植物及各种随处可见的物体，均能发现点、线与面的元素。如图 2-6 所示，仰视状态下的建筑呈现规则的线条排列；自行车车轮处的局部特写，车轴看似一个点，发散出许多错落有致的射线，巧妙地抓住了点与线的关系；杂乱无章的细树枝与规则排列的粗线杆，体现出"凌乱的规则"之美。所有线条仿佛都任意排列，粗壮的树干矗立中间，顿时连接了所有线条，产生了一种强烈的视觉冲击与形式美感；螺栓与阴影的黑白对比和点线对比，画面干净简洁，螺栓后未涂全的水泥，更有着中和画面强烈对比的作用；冬季操场上的秃树，用粗细不同、长短不同、生长方向不同的树枝作为线构成的一部分，另外，树后面有着均匀纹理的墙以及墙上树的倒影也增强了此照片的构成感。如图 2-7，教学楼里每天上下课都会走过的阶梯，俯视的角度竟是非常漂亮的旋转状；图书馆一排排的书架，环状的排列规整而有韵味。

"在寻找校园的美感中，慢慢体会到'风景如画，生活如诗'的来历，树叶在树枝上的点缀是点在线上的构成，阳光的作用下有虚与实的构成，甚至错落在盒子中的茶叶袋都有一种随意又不是规整的形式美感。"——2016 级工业设计专业学生琚思远对于本次的设计实践如此感悟。校园中的每一个美好的场景都可以用构成的知识来解释，作为生活中的一部分，构成美学与生活紧密相连，未来的设计师，更应该有了解美和剖析美的义务。

图 2-7　构成语言练习（作者：张玮伦／指导：王丽）

2.1.2 设计课题2 观察自然——改变看的方式

课题名称：从自然界中观察并采集形态元素

教学目的：通过观察自然形态，利用分析、比较、归纳的方法，从中发现自然形态的成型规律，进而为形态构成的研究和创造提供依据，积累经验。

作业要求：从自然界中观察并采集形态元素，用摄影的手法收集图片并整理在一张A4纸上。

评价依据：（1）观察角度独特。

（2）所选择的构图形态美观。

（3）能从中解析出构成的元素与排列美感。

1. 案例解析

自然界中的蜂巢构造非常精巧、适用而且节省材料。如图2-8，蜂房由无数个大小相同的房孔组成，房孔都是正六边形，每个房孔都被其他房孔包围着，两个房孔之间只隔着一堵蜡制的墙。令人惊讶的是，房孔的底既不是平的，也不是圆的，而是尖的。这个底是由三个完全相同的菱形组成。有人测量过菱形的角度，两个钝角都是109°，而两个锐角都是70°。令人叫绝的是，世界上所有蜜蜂的蜂窝都是按照这个统一的角度和模式建造的。蜂房的结构引起了科学家们的极大兴趣。经过对蜂房的深入研究，科学家们惊奇地发现，相邻的房孔共用一堵墙和一个孔底，非常节省建筑材料；房孔是正六边形，蜜蜂的身体基本上是圆柱形，蜂在房孔内既不会有多余的空间，又不会感到拥挤。蜂窝的结构给航天器设计师们很大的启示，他们在研制时，采用了蜂窝结构：先用金属制造成蜂窝，然后再用两块金属板把它夹起来形成了蜂窝结构。这种蜂窝结构强度很高，重量又很轻，还有利于隔声和隔热。因此，

图2-8 大自然中蜂巢构造

现在的航天飞机、人造卫星、宇宙飞船在内部大量地采用蜂窝结构，卫星的外壳也几乎全部是蜂窝结构，这些航天器又统称为"蜂窝式航天器"。

图 2-9　Hexagon Honey 六角蜂蜜

图 2-10　菱形巢吊灯

　　如图 2-9，六角蜂蜜——俄罗斯 Maks Arbuzov 包装设计师作品，用自然的形式展现产品自然是最好的包装方式。

　　如图 2-10，菱形巢吊灯直接采用了蜂巢的内部构造。

图 2-11，获得 2006 红点大奖的 Cascuz 蜂巢自行车头盔，来自于墨西哥 Alberto Villarreal 设计师作品；图 2-12，蜜蜂巢书架储物柜，是可以做书柜，也可以做凳子、椅子的家具。

图 2-11　Cascuz 蜂巢自行车头盔（设计者：Alberto Villarreal）

图 2-12　蜂巢储物柜

2. 知识点：构成与自然

自然形态，指在自然法则下形成的各种可视或可触摸的形态。它不随人的意志改变而存在，如高山、树木、瀑布、溪流、石头等。自然是一位好老师。达·芬奇的导师朗特里教授说："为了发展艺术的能力，艺术学必须以最大的真诚从自然界开始研究，认真地研究其特征和形成，因为自然界只向以热恋的眼光研究它的人敞开心扉、展示秘密，这样研究者才会发现其本质。世界上没有什么比一朵花、一片叶子以及人体更和谐的了。"自然界为设计师提供了无限的素材，成为创造力"取之不尽、用之不竭"的源泉。人类与生存环境一向是互为参透、互相适应的，我们生活中的许多物品都蕴含着人类对自然形态的感受与再创造。它们在自然的作用下，可以呈现出不同的形态特征，我们分别从点、线、面、体几个方面来重新认识和总结自然中的形态。

自然中点的形态，点是一切形态的起点，也是组成物质的最小单位，比如一个细胞、一粒种子、一个生物等。小到物质中的分子原子，大到宇宙中的行星，都是以点的形态存在。

自然中线的形态，曲线是在宇宙受到引力和冲撞等因素共同作用下而产生的线条形态。自然中的曲线形态是许多设计师竞相模仿的对象。如水的同心圆波纹、树干横断面的年轮线、木头的纹理、树叶的叶脉、成片的梯田线等（图2-13）。

图2-13 梯田／年轮／水纹／树枝／向日葵／叶脉

自然中面的形态，面形态是一切物质与外界接触的界面，如树叶、花瓣、果实的外壳、地球的板块等。

自然中体的形态，现实世界中的物质都有一定的体积，如群山、砂石、生物、细胞等都具有形态和体积。块状形态相对而言比较封闭，一般呈现出相对独立的内在体系。

大自然中千姿百态的万物，它们的存在不禁让人感叹造物主的神奇，自然物的精准构造给了人们无限启发。人类在自然中还发现了各种数理结构，如黄金比例、斐波那契数列等。生活中常见的松果、凤梨、向日葵花瓣、雏菊等都是以斐波那契数列进行排列的。人类还在自然中模仿、利用生物结构，如贝壳、螺类、蜂巢的六边形结构、藤蔓、基因的螺旋形结构等，运用和模仿这些自然的构造，现代设计师们设计了大量优秀的作品。例如利用自然中的鹦鹉螺构造而设计的产品灯、盘、床、音响、桌等（图2-14）。

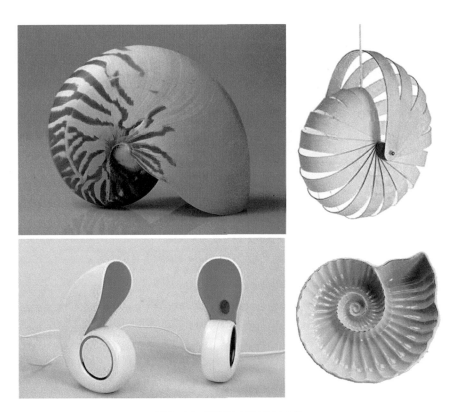

图2-14 鹦鹉螺/灯/音响/盘

3. 设计实践：从自然界中观察并采集形态元素

图2-15通过摄影的手法观察热水袋表面的材料肌理，改变观察的角度，放大其表面肌理，线条的排列则呈现出韵律感，表面自然的起伏状排列优美，形成了一定的空间效果。图2-16在蔬菜构造

分析中，仔细观察青椒实物，从形态、构造、色彩、神态等方面进行采集元素。图 2-17 手势的观察，一个手势代表一种含义、一种情绪，不同手势的变化形成的形态要素也不尽相同。如图 2-18 所示，改变观察的角度之切碎后的形态，不同种类的水果按"点的聚集"原则排列后，形成肌理，然后按照色彩的冷暖由上而下，这是一堆平凡的水果带来的不平凡的美感；改变观察的角度之放大后的形态，成串香蕉的自然弧线，玫瑰花瓣的层层叠叠、紫色花瓣的放射状排列，形成了不一样的审美。榴莲、凤梨、哈密瓜放大后的果皮肌理之美，产生了自然中点与线的排列。

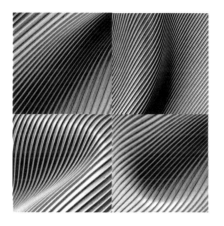

图 2-15 热水袋表面纹理
（作者：夏羽 / 指导：王丽）

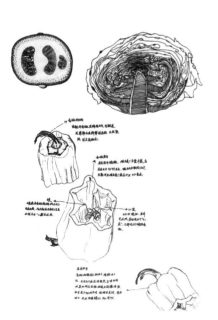

图 2-16 蔬菜构造分析
（作者：童悦 张芬 / 指导：叶丹）

图 2-17 手势的观察（作者：夏晨笑 / 指导：叶丹）

此次课题的设计，推动了学生们用各种手段对大自然进行视觉元素的研究，课程结束后反馈这些研究开启了他们对生活周遭的视觉感知。师法自然，是学习创造性观察的目的，相对于人的单一生命形态，大自然展现出无法比拟的丰富物质形态。从微观状态下的细胞经脉到宏观视角中的辽远壮阔，都蕴含着千万种姿态、千万种美，在静默中生生不息。设计师们会停留驻足，把自然物象生动的形态、色彩一一记录下来，转化成崭新、丰富的设计语言。庄子语：天地有大美而不言。希望这个课题的设计及观念可以推动更多的绿色深入实践，激发学生在被科技引向未来的同时，能多回到静默的天与地之间探寻美，致力于自然物象的创新设计。

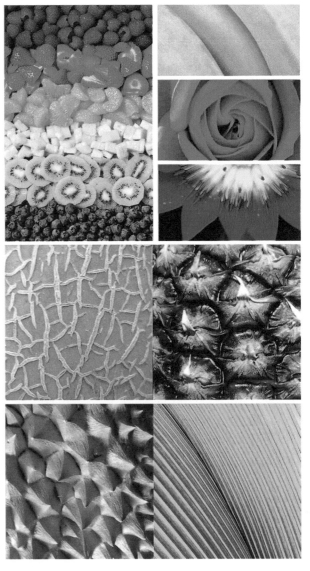

图 2-18　水果 / 花卉（作者：夏羽 / 指导：王丽）

2.1.3 设计课题 3 形态抽象——再现意象

课题名称：形态的抽象表达

教学目的：让学生掌握从具象到抽象的形态概括，作为设计的基础技能。

作业要求：对苹果、鸟、树、鱼等进行抽象形态的概括，每位学生选择
一个主题概括 12 个，在一张 A4 纸上表现，表现技法与色彩
不限。

评价依据：（1）造型高度简约，能够提炼出物象的本质特征和动态。

（2）细节合理、有适当的疏密层次变化。

（3）轮廓简洁、平面感强烈或者具有装饰性。

（4）概括的抽象形态有一定的识别性。

（5）画面整体效果好，有新颖感。

1. 案例解析

2017 红点奖珠宝类作品，十二生肖胸针 Chinese Zodiac，创新设计的灵感来源于现代东方建筑，显现出浓郁的中国文化，胸针通过几何形状设计，由许多单个元素来实现空间深度，18K 黄金的材质实现线性结构的强度。经过抽象概括后的十二生肖，动物本质特征明显，形态简约，有一定的识别性，线条排列的平面装饰感强烈（图 2-19）。

"动物救世主" Sex Toy 系列是为现代独立女性设计的产品，五种动物形态抽象提炼，简洁明了，以圆球的底座和柔和的高明度色彩作为系列化的共性元素，造型可爱萌化，适合特殊女性消费群体（图 2-20）。

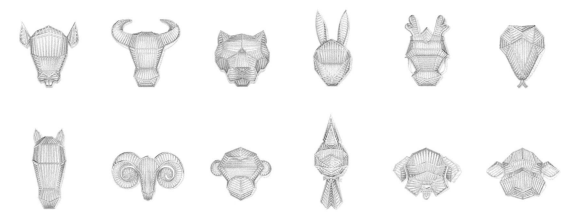

图 2-19　Chinese Zodiac 胸针（Red Dot Award 2017）

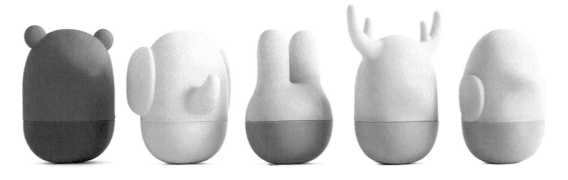

图 2-20　Animal Savior（Red Dot Award 2017/ 设计者：Petite Design Office）

　　植物的微观形态符合几何构成，同样具备视觉构成的点、线、面，从具象的植物形态到抽象的点线面，用概括的手法将植物特性表达准确，每一片树叶、每一朵花瓣都是一个精密的生命体，可以用抽象且规则的形态描绘，其中的疏密、秩序和组合，都是自然造物独有的序列美感。Giardino Botanico 系列由 5 把天鹅绒饰面的椅子组成，参与设计的是伦敦艺术设计工作室 Artefatto。这是伦敦品牌 secolo XXI 推出的首个系列产品，这一系列在 2018 年 4 月的米兰设计周上亮相，与天鹅绒饰面颜色相呼应的是植物造型的靠背，五种植物形态有雏菊、百合、常春藤、茉莉和冬青，是提炼后的简洁与抽象（图 2-21）。

图 2-21　Giardino Botanico 系列天鹅绒椅

2. 知识点：构成的形态要素 / 构成形态要素的提炼方法

构成的形态要素

"形态"指的是事物在一定条件下的表现形式。在设计学领域，"形态"一词有形状和造型的概念。所谓"形"通常是指一个物体的外形或形状，是该物体的实际边界线。一切物体的本相、外貌、姿态、结构等特征均含有"形"的意味。而"态"则是指蕴含在物体内在的"精神态势"。也就是说"形态"除了包含事物的外表状态，还具有事物存在状态、构成形式等丰富内涵。现实中存在的形态可分为两大类，即未经提炼简化的具象形态，以及具有抽象外观的纯粹形态。其中具象形态按形态的成形机制又可细分为自然形态与人工形态，简单地说，自然形态即自生而成，它不涉及材料、成型技术等制作问题，如植物、动物、自然景观等；人工形态则是依靠人为因素制成，其形成一般具有人为目的性，并涉及材料及成型技术等问题，如产品、建筑等。纯粹形态是所有形态的基础，按其抽象的曲直性可分为直线系及曲线系两类，其中直线系包括直线、方形、角形、对变形等，而曲线系则包括自由曲线如手绘曲线及数学曲线如圆、椭圆、抛物线等。对形态概念的细致剖析并非无意义的咬文嚼字，因为对于艺术设计的造型而言，二者确实存在密切的关系。

具象与抽象是形态的两个方面，通过抽象与具象关系的研究，可以强化人们透过现象看本质的能力，培养从不同角度和层面观察事物、分析形态关系的习惯。对抽象与具象关系研究，可以通过对同一生活素材展开不同层面的观察、分析、选择和描绘。所谓具象形态的构成，其实就是对所选择的生活素材在认真观察、分析、研究基础上的写生。对于抽象形态的构成，则是以同一客观素材为基础，进行观察、分析，并从中提炼出尽量简约的抽象形态。

构成形态要素的提炼方法

当我们对一个形态进行抽象化表达时，可以从以下几个步骤着手：

分离。分离就是暂时不考虑我们所要研究的形态与其他各个形态之间各式各样的总体联系。这是抽象的第一个环节。因为任何一种抽象表达，首先需要确定自己所特有的研究对象，任何研究对象就其现实原型而言，它总是处于与其他事物千丝万缕的联系之中，是复杂整体中的部分。要对其进行深入观察和分析，然后进行分离，分离就是一种抽象。

提纯。提纯就是在思想中排除那些模糊视觉、掩盖规律性和本质特征的干扰因素，从而使我们能在纯粹的状态下对形态进行考察。大家知道，实际存在的具体现象总是复杂的，有多方面的因素错综交织在一起，综合地起着作用。如果不进行合理的纯化，就难以揭示事物的基本性质和运动规律。在纯粹状态下对物体的性质及规律进行考察，这是抽象过程中关键性的一个环节。

简化。简化就是对以上两个形态研究之后所必须进行的一种处理，或者说是对研究结果的一种表述方式。它是抽象过程的最后一个环节。在科学研究过程中，对复杂问题作纯态的考察，这本身就是一种简化。另外，对于考察结果的表达也有一个简略的问题。不论是对考察结果的定性表述还是定量表述，都只能简略地反映客观现实，也就是说，它必然要撇开那些非本质的因素，这样才能把握事物的基本性质和规律。所以，简略也是一种抽象，是抽象过程的一个必要环节。

3. 设计实践：形态的抽象表达

一只苹果的抽象形态提炼实践

打破原先工科生脑中根深蒂固的苹果形象，对苹果进行认真的、不同角度的、不同状态的仔细观察，然后通过横向、抽象、形象、求异、想象、发散、直觉等各种思维形式来开启想象的大门（图2-22）。

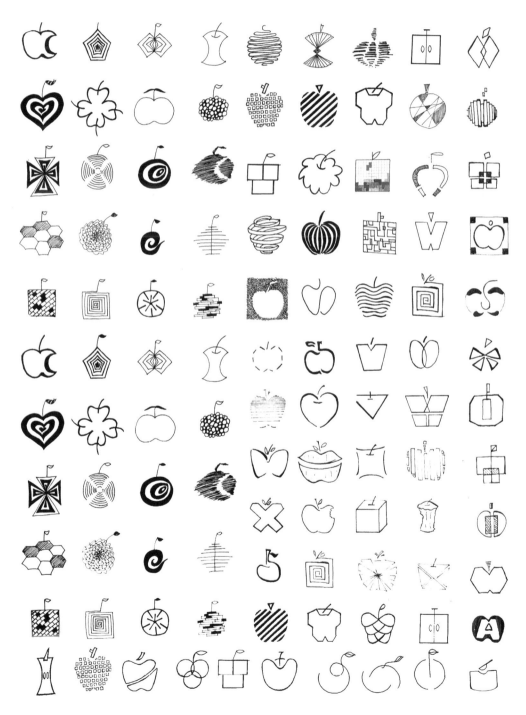

图 2-22　发散思维后的各种苹果（作者：2015 级家具设计专业学生 / 指导：王丽）

图2-23 树的抽象（作者：2016级工业设计专业学生／指导：王丽）

一棵树的抽象形态提炼之设计实践

以树为主题展开发散性思维联想，将树分解成树叶、树根、树桩三部分，然后针对一个或多个元素进行概括、抽象表达。运用简化或者夸张的手法，让图形变得更有特点，体现出树的一部分特性。用到的表达方法有：空间上，远近结合，虚实相生；平面中，线条的疏密变化，直线与曲线相结合；形式语言上，节奏与韵律，对比与和谐等。分别运用了点、线、面、文字、色块等元素来重构一棵树（图2-23）。

图 2-24　动物的抽象（作者：琚思远、吴梦芸、王辰宇、任孜艺 / 指导：王丽）

动物抽象形态提炼之设计实践

一条鱼的具体形象分解，可以分解为鱼的骨架和肉体，通过联想气泡、波浪、鱼跳跃等，而后对之前提取分离的元素进行提炼，最后进行简化。

作品中，简化的元素采取了线条、象征、象形字母、对比、晶状体、虚实结合、拟物，对现有知名物进行形变等，形态简洁明了，呈现构成美感。如天鹅，提取了几个关键词——天鹅湖、飞翔、翅膀、优雅、s 形，并依据这些关键词进行形态的提炼与抽象表达（图 2-24）。

2.1.4　设计课题 4　发展构成——风格化表达

课题名称：形态的风格化表达

教学目的：让学生了解更多现代设计的多种风格，并掌握从具象
　　　　　到抽象形态概括后的几种表现手法，作为设计的基础
　　　　　技能。

作业要求：从课题 3 中已经概括好的抽象形态中，选择一个造型，
　　　　　进行风格化表达训练，要求任选四种风格。每一种风
　　　　　格在一张 A4 纸上表现，表现技法与色彩不限。

评价依据：（1）各种风格的主要特征明显。
　　　　　（2）抽象形象与风格的表现吻合。
　　　　　（3）选择的抽象造型有一定的创造性。
　　　　　（4）画面整体效果好，形式感强。

图 2-25　"蒙德里安"创意设计饰品（设计者：刘怡汝）

1. 案例解析

如图 2-25，"蒙德里安"创意设计饰品由三原色及简单的几何图形设计而成，三原色能调和出天地之大美，孕育着鲜活灵动的生活。这是荷兰艺术家蒙德里安所倡导的生活哲学，也是台湾设计师刘怡汝所倾心的生活态度。受此感召，刘怡汝设计了一系列打破传统的创意首饰，纯粹运用几何形体与饱和的三原色大色块组合。

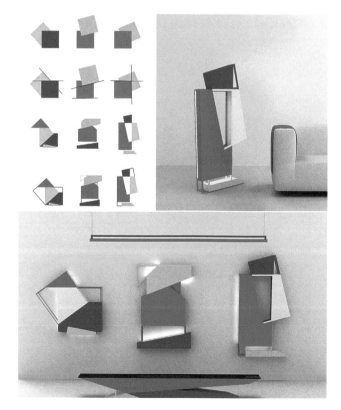

图 2-26　"蒙德里安"室内家具
（图片来源：ZCOOL/ 设计 ID 团团儿）

设计灵感来源于风格派代表人物蒙德里安的作品《红、蓝、黄的构成》，通过对风格派艺术语言的提炼以及精神理念的重构，创作适应当下公共空间的新风格派形式。此作品保留了蒙德里安作品中的原色块——红、蓝、黄，用几何形状切割重组形态代替原有的黑色线条对色块的划分，视觉上更具冲击力（图 2-26）。

2. 知识点：构成的形成与发展 / 构成与风格

构成的形成与发展

任何事物的产生都是有根有源的，在现代艺术流派中，各种风格相互影响、相互交融，对现代设计有着深远的影响。构成的形成与发展也不是独立的，它与其他几种构成形式共同起源于造型艺术运动中的构成主义，如立体主义、未来主义、达达主义、构成主义、风格派、抽象表现主义等。欧洲现代主义流派的各种风格的探索，在1919年成立于德国魏玛的包豪斯学院（Bauhaus）中得以完善和发展，形成了较为完整的体系，并产生了深远影响。包豪斯学院使"构成艺术"理论化、系统化，并将其运用于现代设计理念之中。包豪斯的构成教学自1919年德国魏玛包豪斯创立以来，其倡导的设计理念以及进行的教育实验为20世纪现代设计领域及艺术教育领域都奠定了现代设计艺术教育的重要基础。为了满足现代化大工业生产的要求，包豪斯十分注重对学生综合能力与设计素质的培育，建立了"艺术与技术相统一"的现代设计教育体系，开创了影响深远的三大构成基础课程、注重科学与动手能力的工艺技术课程、与建筑相关的工程课程、适应社会分工的专业设计课程以及理论课程等，培养出大批既有艺术修养又有应用技术知识的现代设计师。包豪斯创造了一种新的"艺术＋技术"的设计风格。他改革的课程体系将平面构成、色彩构成、立体构成、材料研究都独立成课，让学生对平面、色彩、立体以及肌理的形式有全面的把握，通过训练，激发学生潜在的才能和想象力，并且使之了解一切视觉艺术背后的基本设计原理。包豪斯在设计教育领域里的革新，开创了现代设计教育的先河，具有重大的革命意义，是现代设计的摇篮。自包豪斯开设了三大构成基础理论以来，人们对构成语言的研究一直坚持不懈。通过这些构成方式的训练，学生们学会了理性地、系统地分析事物，并且能够快速地掌握事物的组成要素和结构特征，把握事物的本质以及事物之间的关系，从而创造新的形态。依托于构成语言的基础性、科学性、实验性和创造性，构成成为目前设计专业中最重要的基础课程之一（图2-27、图2-28）。

图2-27　包豪斯学院

图2-28　格罗皮乌斯

构成与风格

在完成形态的抽象表达课题的实践后，发展课题是关于形态的风格化表达。风格是艺术作品在整体上呈现出来的具有代表性的独特面貌。如毕加索的立体主义、雅克·德里达的解构主义、康定斯基的构成主义、蒙德里安的风格派、哈林的涂鸦，还有现实主义、印象派、野兽派、表现主义、极简主义、波普艺术、达达主义、超现实主义、后现代主义等现代艺术的流派。通过作品了解这些风格与流派所表现出来的相对稳定性，以及反映时代民族或艺术家的思想审美等的内在特性。他们有着无限的丰富性和表现性，是形态的风格化表达实践课题之前必须要做的学习准备。

3. 设计实践：形态的风格化表达

毕加索的立体主义追求碎裂、解析、重新组合的形式，将画面分离成许多的碎片形态，以多角度来描写对象物，把其置于同一个画面之中，来表达对象物最为完整的形象，并将物体的各个角度交错迭放，造成许多垂直与平行的线条角度，散乱的阴影让立体主义的画面创造出一个二维空间的绘画特色（图2-29、图2-30）。

解构主义就是打破现有的单元化的秩序，运用现代主义的语汇，颠倒、重构各种既有语汇之间的关系，从逻辑上否定传统的基本设计原则，如美学、力学、功能等，由此产生新的意义。用分解的观念，强调打碎、叠加、重组，重视个体和部件本身，反对总体统一，从而创造出一种支离破碎和不确定感。

图2-29 亚威农少女（作者：巴勃罗·毕加索）

图2-30 毕加索之立体主义风格苹果
（作者：2014级工业设计专业学生 / 指导：王丽）

　　康定斯基的构成主义是将不同的色彩与特定的精神和情绪效果产生关联，甚至开始用从音乐那里得来的加标题的方法来表达意图，像"构图"、"即兴"、"抒情"等，将剥离掉物质内容的精神与情感符号化、可视化（图2-31、图2-32）。

图2-31　黑色紧张（作者：瓦西里·康定斯基）　　图2-32　康定斯基之构成主义苹果（作者：2014级学生/指导：王丽）

　　彼埃·蒙德里安的风格派是以纵横交错的直线为结构，甚至利用数学计算的方式来平衡整个画面的结构，并使用基本的元素进行创作（直线、直角、三原色），组成抽象的画面。风格派试图建立的是一种简化的理性秩序，追求逻辑、规范、秩序、平衡，并将这种理性的构成规范推向了极致（图2-33、图2-34）。

　　哈林的涂鸦作品带有浓厚的波普艺术风格，使用白色粉笔涂鸦，形式多为粗轮廓线，内容以单色、空心的抽象人、动物等图案为主，他的作品经常犹如某种复杂花纹，各种图案充满了整个构图，往往没有透视，也没有肌理，但具有许多象征性的感情，如吠叫的狗、跪趴着的人等（图2-35、图2-36）。

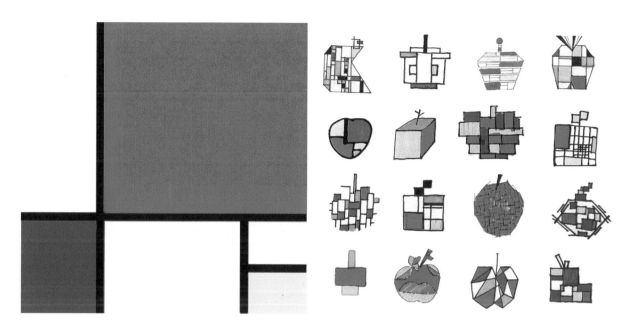

图 2-33　红黄蓝构成（作者：彼埃·蒙德里安）　　　图 2-34　蒙德里安风格苹果（作者：2014 级学生 / 指导：王丽）

图 2-35　涂鸦作品（作者：基思·哈林）

图 2-36　哈林涂鸦风格苹果（作者：2012 级学生 / 指导：王丽）

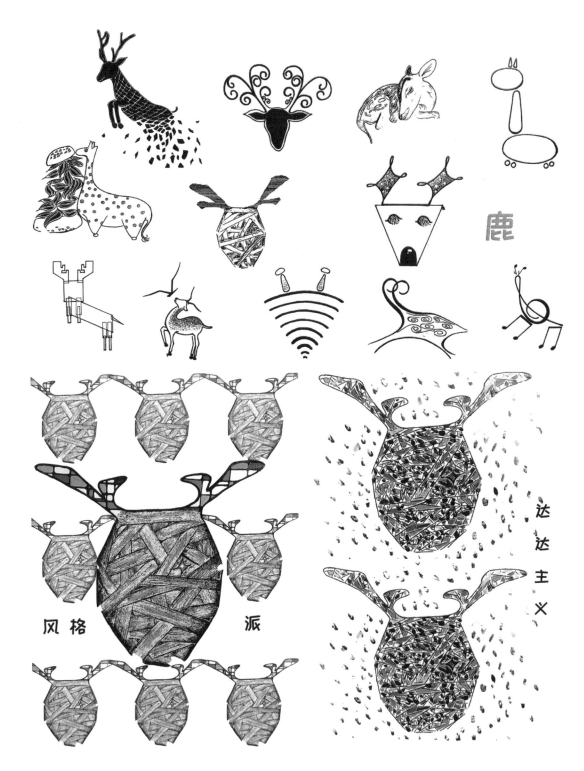

图 2-37 鹿的抽象形态与风格（作者：张晶／指导：王丽）

此课题分两步走，一是认识形态，在教师启发下课堂完成；二是表现形态，自己阅读后课后完成。经过教师课堂的发散性思维启发后，要求学生课后通过自己查阅各种现代艺术作品，欣赏理解后对每种风格、对某些名家名作有一个大致的了解并简单运用，开阔眼界，提高自己的艺术熏陶与审美素养，这对于学生的创造性思维提升有着极大的帮助。如果引导与激发得当，人的创造力与想象力是无穷的（图2-37）。

创造性思维训练的目的正是在于保持这种原创性观念，极力地去激发创造力与想象。我们的教学实际上是督促学生寻找自己的东西，强迫自己与众不同。这一观点事实上也是在另一层面帮助增强学生的创造能力。在课题训练中，与众不同的作品能让人耳目一亮。对于一个课题创作的常规思路，大多数人都会想到，这类答案对学设计者没有任何意义，因为设计师所追求的是无人雷同，当必须要寻求更多方案与思路时，每一个新的思路都会增加更深一层的难度，这种要求会增加挑战性，也就必须花更多的时间去思考。因此，要求学生做出"与众不同"的原创作品，是此次设计教学的一大要求。教师要做到的是围绕学生的作品和探索进行指导，提出各种建议和继续发展的可能性。在教学上，明确的指导性可能比自由放任更好，创造力要显得拘谨的多，按着老师认可的指导方向去走，心里便会踏实不少。教学的过程并不一定按照预想的内容和方向发展，期间会充满各种创造的可能性、各种思维的未知及各种问题的展现。

2.2 形态构成技能篇［造型·表现］

形态构成中的造型与表现

设计是一个造物的活动，也是一个造型的活动。

一个完整的设计造型，首先是由一定的空间结构建立起来的视觉形式，视觉形式是由不同的基本元素建构起来的。就像房子是由砖、石、木等不同建材构筑起来一样。设计的基本元素，就是造型所需的基础单元，点、线、面、体、色彩、肌理等。"造"即创造、塑造；"型"即成型。"造型"是指创造具有特定意义的形态以及与之相关的行为活动。

"形态构成中的造型"指的是用点、线、面等二维形态或者用一定的物质材料塑造可视的平面或立体的形象。

形态构成技能篇的造型与表现，主要是以"造型"为主要目的的设计基础。其主要任务是通过探讨不会因潮流或时尚而改变的共性事物，在设计思维与方法的主导下，通过造型实践的训练迅速有效地提高创造力、美感等综合素质，为进一步地向专业学习过渡打下良好的基础。

2.2.1 设计课题 1 探索点、线、面的造型可能

课题要求：从点、线、面的联想到点、线、面的二维形态，再到点、线、面的三维空间构成，以及探索体与空间的造型可能。

1. 案例解析

Zoo Wooden Toy 是一个由天然榉木制作的可以搭建各种动物的玩具。它是由一个基本的身体、腿和各种的耳朵、鼻子、嘴等部件通过磁铁组成。两岁的孩子可以让他们自由自在地运行，创造出有趣的动物，培养了他们的想象力和肌肉运动的技能（图2-38）。从单个元素形态出发研究就是"各种点和面的块面化"构成，探索出空间的造型。

家居品牌 Grago 开发的 Modo sofa，是一个新的模块化沙发的概念，由15种模块组成，其靠背、扶手和座椅均为模块化设计，通过组合不同形态的模块来综合所有的功能。整个产品线条平滑优雅，适应不同的空间需求。此案例也是从探索各种二维的点线面等几何造型组合的可能性到三维体块面的空间组合（图2-39）。

图 2-38　Zoo Wooden Toy/Russia (Red dot Award 2017)

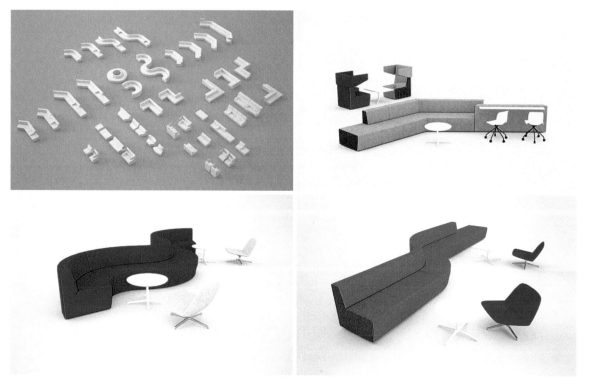

图 2-39　模块化沙发 Modo（家居品牌 Grago）

2. 知识点：构成的基本元素——点及点的设计实践

点是造型中最简洁的形态元素。数学中的点只有位置，没有方向、长度、宽度。设计构成中的点是最短的线或最小的面，是在比较中相对形成收缩、细小的视觉形象。

点是造型中最自由的形态元素，点的移动可以形成线，点的面积的扩大或点的聚集可以形成面。点的运动可以转换为线，也可以转换为面，点既可以拥有线的优势，也可以拥有面的优势。点、线、面三者的关系是相互运动、相互转换的，而形态构成本身也就是对各种运动关系的协调、组织、设计，以达到和谐的、美的视觉效果。而眼睛直接看到的点，却是有大小和可以度量的。但是，它也是相对于"面"或"线"而存在的。如一块砖，相对于一幢建筑来说，它就是一个点；而相对于一粒石子来说，它就是一个"体"。点是视觉元素中相对小的部分，但是它却很容易引起眼睛的注意和重视。因为，点在一个视觉式样中最容易形成留住眼睛的视觉中心，而成为"视觉焦点"。

点也是最小和最单纯的基本元素，常常表示空间和时间的最小限度。有单音、休止和停顿的感觉。所以，点也具有跳跃和节奏的特性，常常最活跃、最易移动，是视觉元素中最具有聚散性的元素。

点在构成和装饰设计中被广泛地使用，常常用它来补白、填空、贯气。相同或连续的点往往会产生"线"的感觉；密集排列的点则产生"面"的感觉。理想的点，是圆形的。然而，客观上视觉元素的点可以有各种形状，既可以是规则的几何形，也可以是不规则的自由形态。它们的外轮廓既可以单纯，也可以复杂。康定斯基在研究点的时候，把点置入一个平面之中，他称这个平面为"基础平面"，然后观察点在一个特定的空间中所发生的种种变化。他称正方形中央的一点为"最高的简洁"，不在中央时，就显示出"韵律和戏剧性"。从点的作用看，点是力的中心。在画面中出现单个点的时候，人们的视线也就集中到这个点上，它具有紧张性。因此，点在画面的空间中具有张力，在人们的心理上有一种扩张感。

点的位置不同起到的作用也不同，在后期的设计中应充分运用点的位置变化，利用点的作用进行各种专业设计。点的情感体现在不同形状和方向、面积等诸多变化中，通过点的不同大小、形状排列变化，可以表现出丰富的韵律感和视觉效果。

大点：简洁、单纯、缺少层次

小点：丰富、琐碎

方点：次序

圆点：运动、柔美、完美

实点：真实、肯定

虚点：虚幻、轻飘

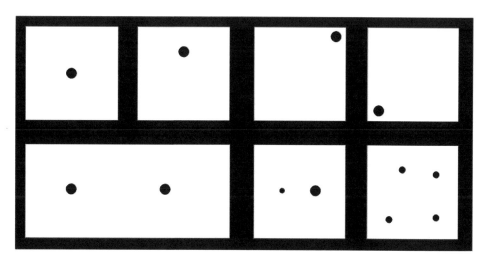

图 2-40 点的位置

如图 2-40，点在图的正中央，四平八稳，毫无波澜，但因为人眼视觉上的错觉，会认为此时的点有下坠感；点在图正上方，因为重力的影响，下坠的感觉会更强烈 ；点在图的右上角或者左下角，此时的点是不安分的，四处逃窜，会让人有一种即将逃出图外的动荡不安感；两个点呈水平一左一右排列，因为两点呈一线，人的视线会自动连接这两个点，从左到右的视觉流程比较顺畅；两个点一大一小左右排列，小点会顺势被大点吸引；四个点随便放置在图的四角，人的视觉会默认四点连成线后的封闭区域。

2017 米兰设计周，日本设计工作室 Nendo 为意大利品牌 Flos 设计了一个名为 "Gaku" 的箱子，可以用来组装多种多样的生活模块。该设计的目的在于通过添加不同的装饰物打造一个可以随时改变的小巧空间，这些装饰物可以是灯、碗、花瓶，或是托盘等，均通过磁力吸附在上面。如同在一个平面的矩形中各种不同形状的点的随意布置，形成不一样的空间美感（图 2-41）。

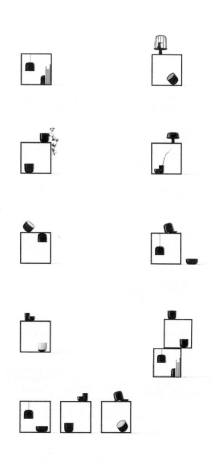

图 2-41 Gaku（设计者：Nendo 工作室）

点在产品设计中的运用

点在现代设计中有功能性和装饰性之分，功能点要达到产品功能的要求，装饰点是为了形态组合的需要。点有实点、虚点、光点。实点往往是产品设计化，同时增强了该点的视觉冲击力。虚点一般为嵌入产品设计中向产品内凹的虚空间，如散热孔、吸气孔等，既有装饰性，又有功能性。光点一般应用在产品中的重要部位上，为了增强装饰效果和特殊功能上的要求。同时要注意点的布位，使产品增加明显性及活跃气氛。集体的力量是强大的，小小的点由于功能上和视觉效果的需要，通过组合，会出现千变万化的视觉图形，在实际设计中，群集的点可以形成虚面。点的大小、形状的变化，布局的疏密，同样可以产生不同的艺术效果。这是实际设计中经常运用的方法。

功能点，顾名思义，就是体现产品的某种功能，或是由于功能的需要而以点的形式出现。功能点与使用者之间发生直接的操作关系。这种操作关系，决定了产品上的功能点与使用者之间存在着一定的操作方式。可操作的功能点在现实生活中十分普遍，例如电话的按键，各种仪器的开关，各种线路连接的插孔等。这些点的有序组合，可使操作明确无误，仪表显示清晰易读，增强工作的安全感。随着社会的进步，产品设计越来越人性化，产品的设计不仅要求方便简洁，还要符合人机工程学，产品的设计要从使用者的身心特点出发，设计出既实用又美观大方的产品。

如图 2-42，是一款可点、可转、可呼吸的 iPhone 手机壳设计，通过形式不同的点以及点所能产生的不同行为习性，使手机外壳和人之间产生互动，达到缓解压力、提高使用者注意力的目的。

图 2-42　解压 iPhone 手机壳设计

功能点在设计中可以被强化，成为设计中的重点，运用点的灵活与小巧，使呆板的产品变得富有生动性。如图 2-43 是设计师 Yuval Tal 设计的一款咖啡桌，打破桌子整面的形式，以大小、色彩不同的圆柱体拼接成面，从整体来看，桌面是由疏密不一的点构成，造型新颖，引人注目。

图 2-43　Coffee tables 咖啡桌（设计者：Yuval Tal）

图 2-44　耳机转换头（设计者：李灿）

图 2-45　DOT CLOCK
（设计者：Jonathan Dorthe）

图 2-46　HEXA Table Lamp 台灯
（设计者：Jonathan Dorthe）

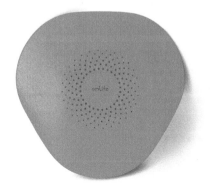

图 2-47　DAWN 夜灯
（Red Dot Award 2017）

装饰点是为了达到美观的视觉效果进行的艺术处理。不同于功能点，肩负着完成某功能需求的任务，而它是使人们的心理得到美的感受。因此，装饰点在表现形式上体现了更多的丰富、灵活、生动和变化。但应该指出的是，无论装饰点的形式多么新奇、多变，都应服务于所属产品的整体性，在整体的限定下求变化，这样才不会破坏产品的整体形式。如图 2-44，耳机转换头相对于耳机来说体积较大，而该耳机转换头用错落有致的虚点，使原本呆板的耳机转换头富有变化，并且虚点逐渐变化，可以引导人的视线，给人视觉上的冲击力。这样的例子我们在实际生活中经常见到。无数点就形成强大的力量，通过不同的组合，就会产生千变万化的图案。群集的点可以构成虚面，改变点的大小形状和密度分布，同样可以产生新的视觉图形。

在点的排列与组合形式上，应注意强化点的功能作用，还可以强化点的形式作用。人的生理机能决定了人们接收和加工的视觉信息是有限的，因此，在设计中点的排列要遵循功能的需要，形式上力求简洁、直观，并在色彩、形状、肌理上适于表现其功能特性。如图 2-45 是设计师 Jonathan Dorthe 设计的一款钟，该钟整个形体是由大小不同的点精密地排列而成，钟的刻度是由较大的点排列成一条斜线，让使用者可以清晰地读出时间，起到了强化点的功能的作用。我们的眼睛还喜欢区别相同的东西，把一系列相同的"点"排列在一起，用小的标记进行区分。如果一些点的大小相等或接近，则能吸引视线在它们之间往返移动，让我们的眼睛找出它们之间的区别，客观地说，不是点在吸引眼睛，而是眼睛在寻找点。如图 2-46，台灯的灯罩由大小不等的点有序地排列而成，在电灯打开后，灯光通过点渗透而出，形成大小不一的光点，营造出浪漫的形式美感。大小不同的点和灯罩的纹路相互交映，引导着人的视线。如图 2-47 DAWN 夜灯，装饰点呈光晕状分布，光从圆顶天花板上洒下，创造的是一个星光的天空。

"点的认知与联想"设计实践

课堂即时训练： 20 分钟内做出点的联想，用简单的笔画记录，以数量论英雄。

我们从单纯的点能想到什么？如图 2-48 发散性思维模式，从天上想到地上，天上的云雨雪到地上的花草树木，从自然想到人类，从古代想到现代。可能某个物体外形体积大并不像点，但是它就是在联想的某个画面里组成画面的一个点，这样联想更系统也更完整。如图 2-49，点是一个抽象的图形，将无数个点重新排列并组合能形成一个或数个具象的形象。试着放大或缩小点，并在点上组合、分割，创造出新的东西，并联想到生活中的很多有趣的东西与图案。如图 2-50，该联想以池塘为大环境，思考其环境下的点元素。大环境又包括了树丛、天空、水塘三个小环境，在小环境中展开具体点元素联想，例如树丛中的露珠与瓢虫，天空中的云朵与太阳，水塘里的蝌蚪与莲叶……都具有"点"元素。

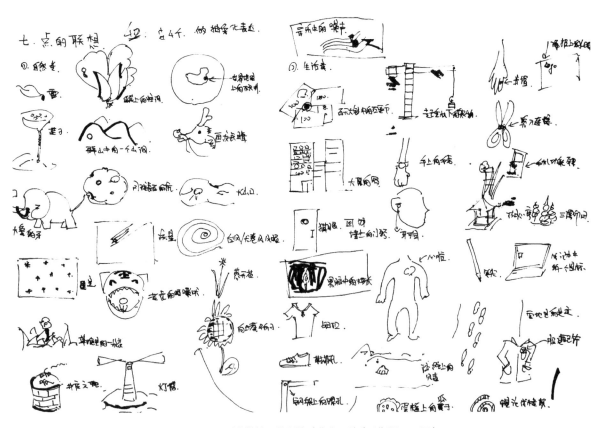

图 2-48　限时发散性思维训练（作者：陈鑫 / 指导：王丽）

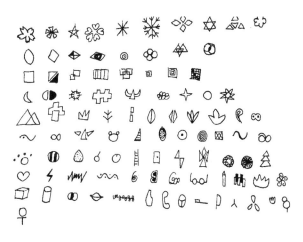

图 2-49 点的联想（作者：褚丽芳 / 指导：王丽）

图 2-50 点的联想（作者：周欣怡 / 指导：王丽）

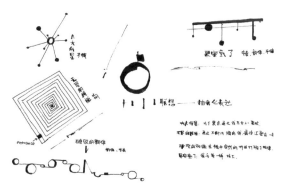

图 2-51 点的思维转化（作者：陈鑫 / 指导：王丽）

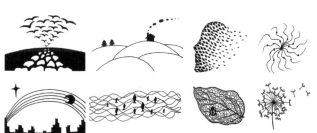

图 2-52 点的思维转化（作者：朱梦佳 / 指导：王丽）

课堂即时训练： 通过点的联想，经过思维转化与形式跟进，进行点的排列，要求有一定的形式美学。

课堂 20 分钟的限时发散性思维训练，从发散图中找到 4 张认为有创意的点进行点的抽象化表达训练。如图 2-51 所示，"九大行星、楼梯入口、音乐中的噪声（破败的旋律）、悬挂在枝头的果实"这是最终确定的素材，对其作出了较强的形式感，分别用了"平衡、比例、节奏、韵律"等形式美学法则来表现。

图 2-53　点的排列（作者：林紫芳、曹甜 / 指导：王丽）

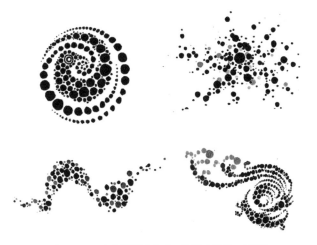

图 2-54　点的排列（作者：陈旭 / 指导：王丽）

图 2-55　点的排列（作者：陈姝颖 / 指导：王丽）

以点为主要构成元素，进行发散联想并归纳，采用不同的形式语义来表达。各种点的排列的形式如图 2-53、图 2-54、图 2-55。

总结点的形式排列的几种参考方向：

（1）利用多种材料和肌理形成一些特殊形式的点，强化肌理视觉和构成美感。

（2）不同的点按照一定的规律进行有序或者图形化排列，使点的表现更具美感。

（3）点元素与线、点元素与面的有机结合。

（4）点元素排列按照大小的渐变，远近的渐变，形成一种空间感。

（5）点元素的重叠效果和层次感，形成一种空间的疏密感、流动感和虚实感。

3. 知识点：构成的基本元素——线及线的设计实践

点移动的轨迹形成了线。线在空间里是具有长度和位置的细长物体。从数学上来讲，线不具有面积只有形态和位置，在构成中线是有长短、宽度和面积的，当长度和宽度比例到了极限程度的时候就形成了线。从构成的角度来看，具有长短、宽度的线，随着线的宽度的增加就会使人感觉到面的感觉，但如果它周围的都是类似线的群体，那么宽度较大的线也会认为是粗线。线的长短形状不同，我们把它分成各种不同的线。由于各种线的形态不同也就具有各自不同的特性。

线的性质与情感

线的大小由点的面积大小决定的，线的宽度超过线的长度比例就形成了面。线在外形的造型上具有重要的作用，线可以界定出形状。自然界所含的面及立体都可以通过线来表现。所以，线对于视觉表现是非常重要的要素，具有很重要的地位。

线比点更具有较强的感情性格，不同的线形有不同的性格表情。20 世纪著名的抽象派画家保罗·克利曾说："画家或设计者笔下的线条是有情绪的，你必须对它进行组织，知道什么是重要的，什么是附属的。"设计师通过线条的各种造型可以传递出在创作过程中的心理感受及其设计理念，画家在绘画中也通过线条的流动表现对客观事物的感受，如质感、量感、轻重、动势（图 2-56）。

直线，点向一定方向持续无限的运动，就形成了直线。直线具有一种力量的美感，有男性的特征，简单明了、直率果断。直线可以分为水平线、垂直线、斜线和折线。

曲线，点的方向变化运动就形成了曲线，分为自由曲线和几何曲线。自由曲线有自由、柔美、随意、灵动、圆润、弹性的感觉。几何曲线则体现弹力，紧张度强，体现规则美。曲线有女性的特征，不同的曲线可表示丰富的性格。

| 水平线 | 垂直线 | 斜线 | 折线 | 几何曲线 | 自由曲线 |

图 2-56 线的形式

一般直线的感觉是明快、简洁、力量、通畅，有速度感和紧张感。 曲线的特性比较丰满、感性、轻快、优雅、流动、柔和、跳跃、节奏感强。圆规等工具画出的几何曲线具有现代感和准确的节奏感。用手工画出的自由曲线具有柔和自由感和变化的节奏感。细线的特性较纤细、锐利、微弱，有直线的紧张感。粗线的特性较厚重、锐利、粗犷，严密中有强烈的紧张感。长线的特性是具有持续的连续性、速度性的运动感。而短线的特性具有停顿性、刺激性、较迟缓的运动感。绘图直线的特性给人以干净、单纯、明快、整齐感。 铅笔线和毛笔线的特性相对较自如、随意和舒展。水平线的特性显安定、左右延续、平静、稳重、广阔、无限。垂直线的特性有下落、上升的强烈运动力，明确、直接、紧张、干脆的印象。斜线的特性是倾斜、不安定、动势、上升下降运动感，有朝气。斜线与水平线、垂直线相比，在不安定感中表现出生动的视觉效果。

线在产品设计中的运用

线在现代设计中包括轮廓线、结构线、模具线、装饰线等。

轮廓线是指人的视觉感受中客观物体在二维空间中勾画出的面的形态或体态。轮廓是面的转折，在表现上使用线来传达。轮廓线有时并不明确，而是客观物体的剪影。设计中，轮廓线是随着观察角度的变化而产生不同的形态，因此我们经常将观察对象的最主要特征的面加以描绘，来加深我们对于观察物体外形的理解和认识。如图2-57，放置盘由形状及大小不一的木盒子组合而成，轮廓线的交错变化，给人带来愉悦的律动美。

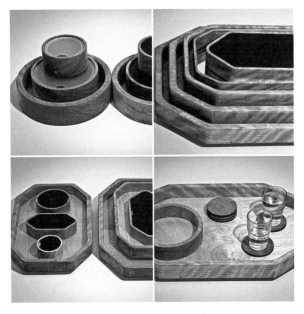

图 2-57　OFFSETBOXES & TRAYS 放置盒
（设计者：Jonathan Dorthe）

图 2-58　Twist Pendant Lamp 吊灯
（设计者：Leah K.S. Amick）

结构线、模具线、功能线的处理一般根据其用途、结构特点、材质特性以及造型的美观形式等方面综合考虑。如图2-58，吊灯灯罩由交错的塑料组成，可以通过灯下的把手来改变塑料的疏密，以达到不同的照明功能。

装饰线的设计。如图2-59，充电宝的轮廓面由起伏变化的线条构成，像波浪一样富有节奏感，打破了平面的呆板，体现出时代美感。如图2-60，音箱由简单的立方体为造型语言，轮廓面上变化的线条起到了优美的装饰作用，打开音箱后，歌声伴随灯光从线中投射而出，营造出雅静的氛围。如图2-61，Riverside Lounge Chair 是一个适合户外使用的、有机设计的躺椅，灵感来源于自然。自由流畅的线条极具装饰感，但这些像流沙一样的曲线，可以让雨水快速的流淌到地面，也起到功能线的作用，同时也是为达到视觉的美观进行的艺术处理。

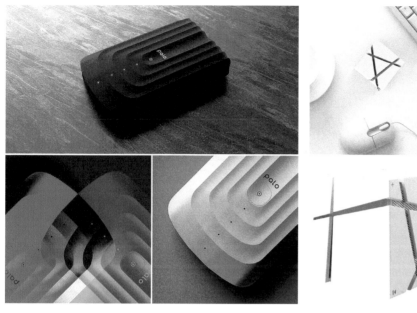

图 2-59　Power bank 充电宝（设计者：Anton Edemion）

图 2-60　洛斐音箱（华为产品）

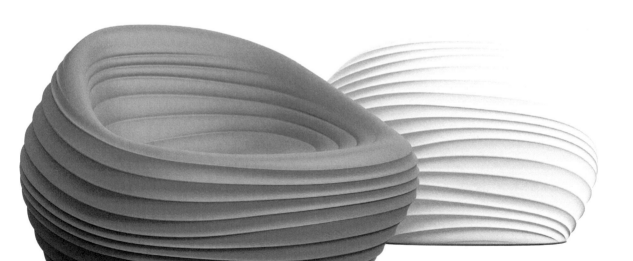

图 2-61　Riverside Lounge Chair/Italy (Reddot Award 2017)

"线的形式与语义"设计实践

课堂实践： 线的形式与语义，从线的联想到线的排列。

图2-62　线的形式与语义：思索 / 疼痛 / 烦躁 / 城市（作者：徐婷娟 / 指导：王丽）

图2-63　线的形式与语义：无序 / 思考 / 破 / 绽放（作者：蔡舒虹 / 指导：王丽）

如图 2-62，用线条分别表现了"思索"、"疼痛"、"烦躁"、"城市"。"思索"，用线条留白人物轮廓，用墨迹表示头脑，思索的复杂就像是一团痕迹交缠的墨；"疼痛"，圆润的圆弧和尖锐的线条相结合，以表现身体疼痛时，那种如刀钻锥刺的感觉；"烦躁"，烦躁大抵是思绪万千，粗细不同的直线相互穿插，难辨其迹，就像烦躁时，无所适从的内心；"城市"，城市建筑林立，用几何形状表现其压倒之势和整齐划一的外观。如图 2-63，"无序"，是流星划过的痕迹线；"思考"，从纷乱的线条到条理清晰是思路慢慢理清的过程；"破"，平整的线成面状排列，相互交错，倾斜的几条粗线却打破了平衡；"绽放"，玫瑰花瓣从曲线到直线的抽象，放射线状的排列好似层层的绽放。

线的形式语言非常丰富，排列组合的可能性也是多种多样，如图 2-65～图 2-67。

（1）自由曲线的造型化从单个到多个排列的组合；

（2）粗细或长短直线的自由排列组合；

（3）线的面化或者点化的各种排列组合；

（4）利用多种材料和肌理形成一些特殊形式的线，强化肌理视觉和构成美感；

（5）按照一定的规律进行有序或者图形化排列，使线的表现更具美感；

（6）线元素排列按照长短的渐变，粗细的渐变，形成一种空间感；

（7）线元素的重叠效果和层次感，形成一种空间的疏密感和虚实感；

（8）利用各种绘线工具表达不同的肌理效果（图 2-64）。

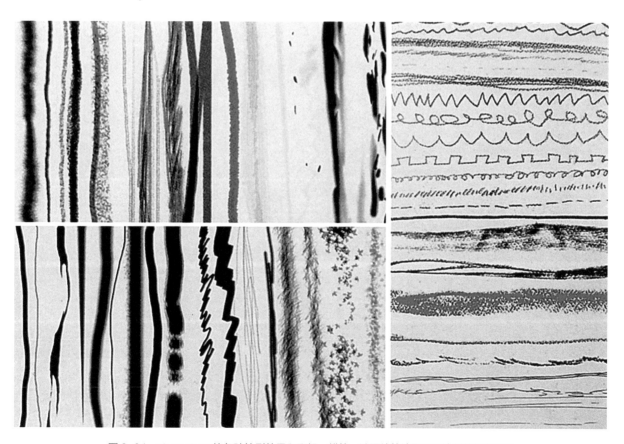

图 2-64　photoshop 的各种笔刷效果和彩铅、蜡笔、油画棒等绘画工具绘制的线条效果

图 2-65　线的排列（作者：陈姝颖、林紫芳、刘娟 / 工业设计专业 / 指导：王丽）

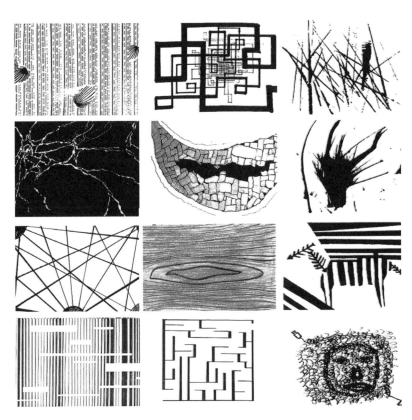

图 2-66　线的排列（作者：刘璐、陈曼菱、蒋有坤 / 家具设计专业 / 指导：王丽）

图 2-67　线的排列（作者：潘卓琳、李晓钦 / 工业设计专业 / 指导：王丽）

"线的情绪表达"设计实践

课堂实践： 用线的各种形式来描述以下词汇

甜蜜　依靠　团圆　严谨　自由　东方

热情　速度　悠闲　网络　传播　平静

　　形态的情感即是人对形态产生的不同心理反应。这个反应是由客观到主观，主观回到客观的过程，是艺术创造上的"情与物"的辩证法。有时是客观起主导作用，有时则是以主观为制约的。当人们看到盛开的鲜花，会感到满心的愉快与喜悦；但当心绪不佳，悲愁苦闷时，则无心欣赏，无动于衷，甚至会引起感伤。这就是说，物质本身，并不存在于情感的因素，它是随着人的主观意识、心理变化而得以不同感受的。因此，人的感情与心理反应对形态的感受是同样产生重要作用的。不同形态，经过组织产生不同的心理效应与情态；相应地，不同的情感意念，赋予作品中，使图形有了情绪表现，有了一定的生命力。

　　线条的变化可以表现不同的情态、情感。

　　松弛：没有弹性、放松的线条

　　悠闲：自在与随意的线条

　　犹豫不定：有一定紧张感的线条

恐惧：颤抖、不安的心情

烦恼：思绪杂乱无章

平静：平和、恬静的水平线

畅快：自由并流畅、优美的线条

紧张：神经高度警觉

通过线的情绪表达课题，理解各种线的特性（图2-68、图2-69）。如图2-70，从线条的形态表现来看，粗细自由曲线交错，用柔和线条组合来表达"甜蜜"；粗细适当的短线规则交错表达"平静"；杂乱无章的细线配以突兀的粗线，线与线交错后形成的块面，诸事纠结来表达"忧愁"；呈放射状排列的规则曲线的旋转有一种激动感，用来表达"热情"。从线条的颜色表现来看，暖色系表达"甜蜜"、冷色系表达"平静"、无彩色系表达"忧愁"、有彩色系表达"热情"。这些线条的"形"与"色"的结合对主题的表达很是恰当。创作者思路清晰，在感性的形式结构中结合了理性的分析，体现出了设计的基本能力。

图2-68 线的情绪表达（作者：陈旭、张玮伦／指导：王丽）

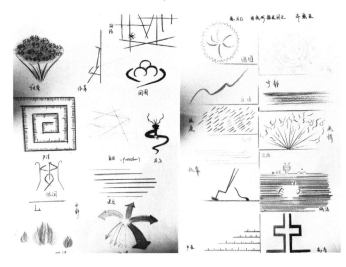

图2-69 线的情绪表达（作者：蒋钰、许黎亚／指导：王丽）

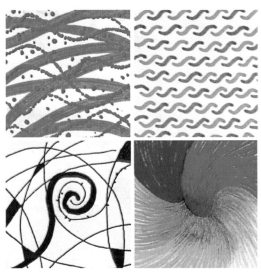

图2-70 甜蜜／平静／忧愁／热情
（作者：2013级家具设计专业学生／指导：王丽）

4.知识点：构成的基本元素——面及面的设计实践

数学中的面有长度、宽度、位置、方向，无厚度。形态构成中的面有大小、形状、色彩、肌理等。面是点的密集或面积的扩大形成的，一根封闭的线也可以形成面。二维空间中的面没有厚度，与点和线相比，面有着更为强烈的表现力。面的形状是我们识别事物特征的重要因素，而且面的形状极为丰富，我们可以用面创造出形态万千的造型。

面是相对点和线较大的形体，它是造型表现的根本元素。线的移动可以构成面，运用封闭的线构成中空的面形。封闭的线越细，面的感觉就越弱，粗线会使面形感觉增强。面的空间被填充得越满，面形就越强烈。面具有可辨性，依据其外部轮廓就能分辨出规范的、抽象的、具象的以及偶然的形。

面的表现手法多样性赋予了面很多情感，实面让人感觉充实、厚重，虚面给人柔弱和缺陷等。我们从形状上可以感觉出某种性格和气氛，如卷起、弯曲的形状有优雅而纤细的感觉，棱角的形状则有强壮、粗暴、尖锐的感觉。这些感觉是人们把过去的特殊经验掺入形状内后，而形成了该形状的一种属性。

几何形的面：表现规则、平稳、较为理性；圆面光滑富有变化，整体中体现自由；方面具有严谨性，呆板（图2-71）。

自然形的面：不同外形的物体以面的形式出现，生机、膨胀、优美、弹性，具有一定的情态、情趣，如水滴、鹅卵石。

迈耶在谈论"面"的时候说："尽管线条在特性上大多具有理性，但二维平面却是有感情的，是充满幻想和活力的。艺术家或设计师能在线条围成的平面所提供的空间内创造思想，这正如地理学意义上的平面，即人能在其中生活、娱乐、工作的空间一样。"

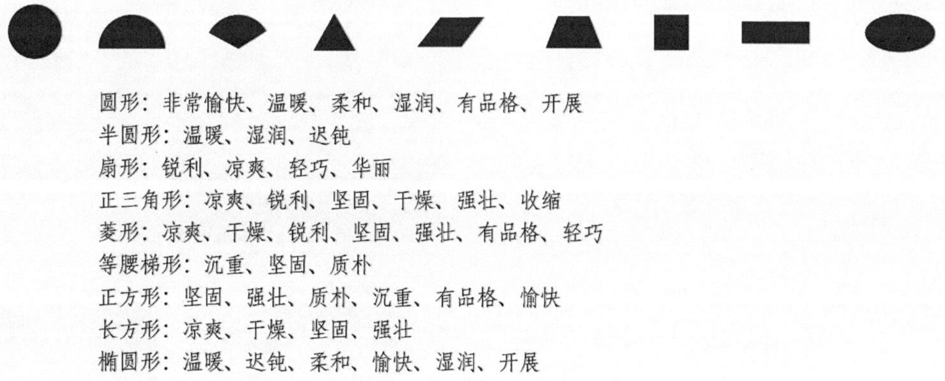

圆形：非常愉快、温暖、柔和、湿润、有品格、开展
半圆形：温暖、湿润、迟钝
扇形：锐利、凉爽、轻巧、华丽
正三角形：凉爽、锐利、坚固、干燥、强壮、收缩
菱形：凉爽、干燥、锐利、坚固、强壮、有品格、轻巧
等腰梯形：沉重、坚固、质朴
正方形：坚固、强壮、质朴、沉重、有品格、愉快
长方形：凉爽、干燥、坚固、强壮
椭圆形：温暖、迟钝、柔和、愉快、湿润、开展

图2-71 不同几何形面的情感

面在产品设计中的应用

调子、色彩、肌理、外轮廓是形成面的表情的因素。它们决定了面给人的感受是温和或坚强、秀美或粗糙等。

一个物体可以理解为不同方向、大小的平面和曲面组成，它必须服从于事物本身的特性，体现时代美感，分为结构面、功能面、装饰面。

结构面是围合空间的基础，是由构成形态的封闭边缘线及其围合成的形态组成。由封闭边缘线所构成的形态可以是实体，也可以是虚体。如图2-72，吊灯外壳由曲线面优美的陶瓷旋转而成，不仅展示了其工艺精湛，其形式也别具一番韵味。如图2-73，吊灯结构面由不同的木质环面高低错落而成，环面木纹的交错，让间隙的结构面看起来像一个完整的整体，无论灯光开或关，整个吊灯造型都富有很强的张力感。

功能面是依据不同功能需要表现出的不同的形态。从某种意义上说，不是功能面体现功能，而是功能本身决定了功能面的形式，如图2-74，橱柜门打破了传统的整面形式，用不同形式的木板拼接而成，打开橱柜的方式就像剥果皮一样，功能新颖，形式优美。

工业产品中的装饰面，除了满足功能以外，更多的是为达到视觉的美观效果，为使用者带来艺术的享受。它们往往以很大的面积展示工艺的精湛、材料的质地、表面涂饰的精美等。如图2-75，手包外壳由优美的曲面组成，曲面之间的层次感像律动的旋律，整齐而富有变化，给人很美的视觉体验。

图 2-72 Spring di Axo Light Odo Fioravanti　　图 2-73 BOLL Lamp Jonathan Dorthe

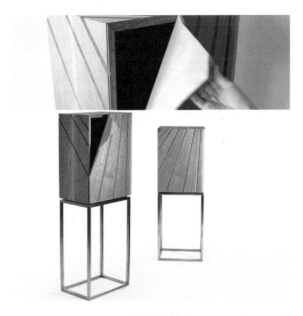

图 2-74 Peel Cabinet 橱柜（设计者：Leah K.S. Amick）

图 2-75 Bern Clutch 手包

"面的创意形态表达"设计实践

课堂实践: 以下列几何图形为主要元素,以一节课时间为限,尽可能多地设计出一些创意形态,形象必须合理,色彩不限。

Nendo 工作室 2018 年新出的一款百变家具,拥有凳子、置物架、边角桌、容器四种用途(图2-76)。基础形态就是下面底座的三角形,从正视方向,组合元素为三角形 + 直线、三角形 + 矩形、三角形 + 曲线、三角形 + 圆形。产品的创新点正是几何形态的随意组合。

在课题的设计实践中,如图 2-77、图 2-78 所示,图形与图形之间采用了虚实结合,同形异构、对称结构等手法,努力在形态表达的同时能够更有创意感、设计感。圆形、矩形、三角形,面与面的组合,可以创造出新的面,将不同大小、不同形状的几何面进行组合,并以动物的造型为灵感,通过面位置的移动、形状的变化、数量的增减等,构成千姿百态的面的形态。

图 2-76 Zens 系列(佐藤大 2018 年作品)

狗　　米老鼠　　小老鼠　　苹果　　苹果树　　草地

熊猫　　蘑菇　　长颈鹿　　鱼　　水母　　乌龟

蚯蚓　　毛毛虫　　蝴蝶　　太阳　　月亮　　星星

蜗牛　　蜜蜂　　黑猪　　鸟　　蝴蝶　　蛇

图 2-77　面的创意形态表达（作者：王洁、陆丹、吴琼、姚雪莹 / 指导：王丽）

图 2-78　面的创意形态表达（作者：沈恬、王雯黎、琚思远、王佳莉、吴旭俊、顾艳云 / 指导：王丽）

5. 设计实践：主题性点、线、面综合造型

课堂实践： 主题性点、线、面综合造型

以下主题任选四个，分别以点、线、面等为元素综合表现其内容，每词各4组。

花语　男女　印记　车子　游戏　字母

瓶子　节日　蜜蜂　兔子　鱼儿　蝴蝶

要求原创，每组词语一张A4版面，形态组合具有创意，表达简洁（侧重装饰效果或者侧重造型两个方向）。

课堂内完成一组（一小时时限），其余课后完成。

"花语——主题性点、线、面综合造型"课题

该主题选取花型、花瓣和叶片为元素，通过点、线、面的综合排列来构成不同的抽象图案，以探索点、线、面在花的纹样中的运用。如图2-79工业设计之花，规则的锯齿状的粗线围合成圆，展现工业的机械造型美感。三原色花和四叶草花用直线与各种形态的不同色彩的面的组合，变化中有统一，统一中又有变化，具有较强的装饰美感。如图2-80电脑绘制的矢量图，画面精美，方向性的线与点的排列更具规则性和韵律感。将花瓣提炼成扁形长方体后重新排列组合，使花瓣更加立体，花朵更具生命力。

  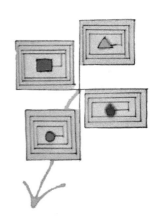

图2-79 "花语"综合构成（作者：陆琛璇 / 指导：王丽）

图 2-80 "花语"综合构成（作者：陆琛璇 / 指导：王丽）

"男女——主题性点、线、面综合造型"课题

　　以男女为主题的综合构成，侧重造型的，先要归纳人物形态，男性与女性是不同的人物特征，从服装、体型、发型、站立姿态等进行观察与抽象表达。侧重装饰的，对于外部轮廓的概括也需要先提炼，内部的点线面装饰具有一定的审美，可任意排列（图2-81）。

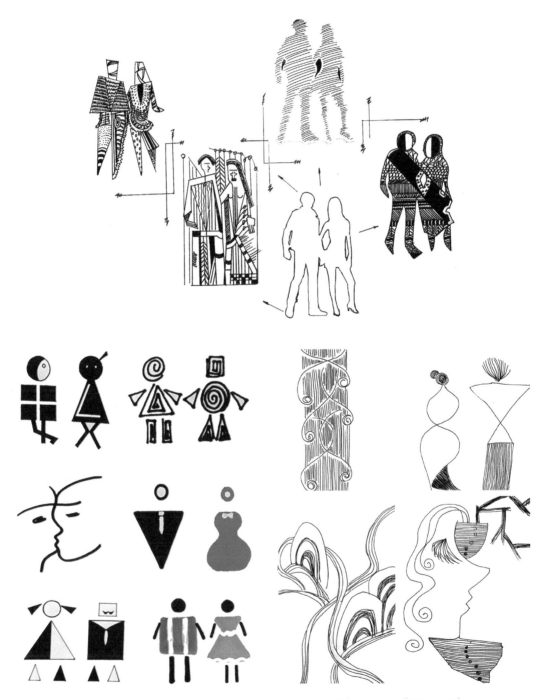

图2-81 "男女"综合构成（作者：徐晶、张雨涵、童奇奇、周丽丽／指导：王丽）

"印记——主题性点、线、面综合造型"课题

人生活在世界上会留下很多印迹，这些印迹星星点点的拼接起来，就组成了一个人的记忆。回忆往昔，人们总能看到一些印迹闪烁着微光，也许是一本有趣的书、一个特别的人、一次难忘的旅行。当然也有大自然留下的印迹，一片树叶飘落的轨迹、雨滴在水泥板上留下的印痕、阳光穿过迷雾留下的光束。从这些印记里提炼构成要素，让时光定格。如风景的印迹，用长条矩形表现水流，用三角形、圆形、长方形的排列组合表示建筑，简单的构成元素却能表现出生活中的印迹，这便是构成之美（图2-82）。

图2-82 "印记"综合构成
（作者：任薇、万倩／指导：王丽）

"树——主题性点、线、面综合造型"课题

以树为主题，联想到树干、树枝、树叶、树桩、树林等生长形态。枯树的眼泪、被礼物压弯了的圣诞树、台灯树等，想象力丰富，点线面的形式表现合理（图2-83）。

图2-83 "树"综合构成（作者：2010级家具设计专业学生 / 指导：王丽）

"瓶子——主题性点、线、面综合造型"课题

以瓶子为主题，联想到瓶子的两种存在形态——破碎与完整，以及与其他形态的关系，使用重复与对比的手法，结合点、线、面三种元素的变化，组织规律，分别进行两种形态的多样表达。如用正负形的方法表现瓶子和杯子；用线条表现瓶子；用直线构成瓶子；用不规则的三角形构成瓶子；利用不同大小的点排列组成为一个瓶子的形态；运用龙卷风似的曲线，反复圈涂形成瓶子形状；用不同粗细、不同长短的线条组合而成的瓶子等（图 2-84）。

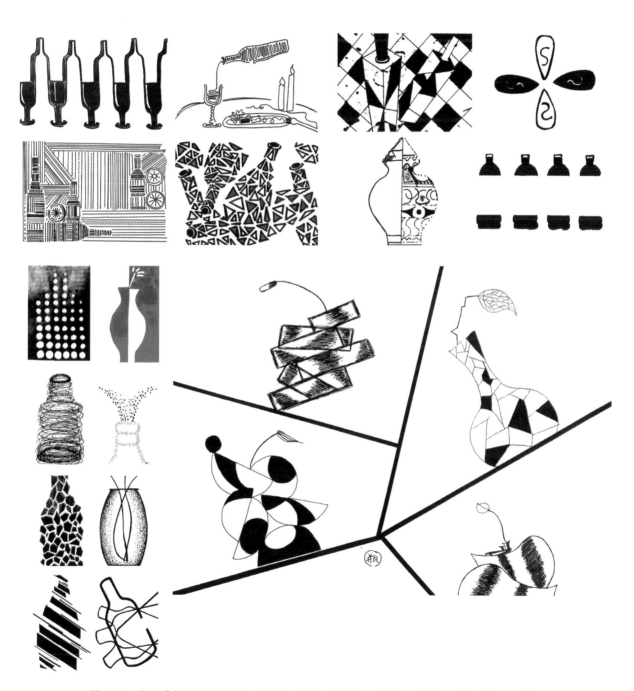

图 2-84 "瓶子"综合构成（作者：蔡舒虹、谢晶、陈姝颖、陈曼菱、叶陈云、林霜／指导：王丽）

图 2-85 "节日"综合构成
（作者：叶陈云、陆琛璇、徐达、孙牡丹 / 指导：王丽）

"节日——主题性点、线、面综合造型"课题

以节日为主题，选取四个节日里在人们刻板印象中具有代表性的物品为元素，对这些元素进行概括和简化，通过构成的语言，抽象地表达节日主题，图形具有识别性且不失形式美感。如中秋，将代表月亮的圆放在左下角，相似而较大的地球的圆放在右上角，通过代表日期的数字点环绕圆面来丰富画面，红色的点在黑色的画面中起到点睛作用（图 2-85）。

"蜜蜂——主题性点、线、面综合造型"课题

蜜蜂的特征：身体细长，有触角，有翅膀，尾巴带刺，黑黄相间。将思维简化，将躯体做抽象的点线面元素处理，眼睛由大小不同的点构成，翅膀由宽窄不一的曲线构成，躯干由螺旋曲线或直线构成，非常符合蜜蜂灵动的特征。黄与黑的色块参差错开，有节奏感与韵律美（图2-86）。

图2-86 "蜜蜂"综合构成
（作者：龚旭峰、张丹瑜／指导：王丽）

"兔子——主题性点、线、面综合造型"课题

　　兔子的特征：耳朵长、尾巴短、体态可爱，以"平面装饰"与"几何分解"两种不同的形式造型。平面装饰侧重于点线面排列的整体审美，而几何分解侧重于对形态的抽象理解（图2-87）。

图2-87 "兔子"综合构成（作者：王肖肖、孙牡丹/指导：王丽）

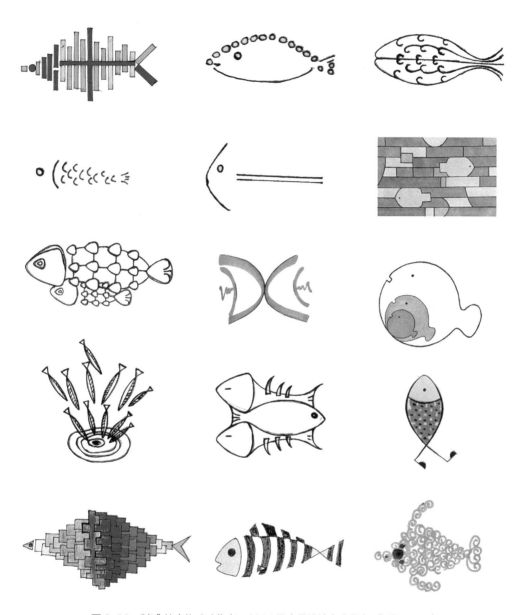

图 2-88 "鱼"综合构成（作者：2011 级家具设计专业学生 / 指导：王丽）

"鱼——主题性点、线、面综合造型"课题

　　鱼的造型比较丰富，抽象化的形式语言点、线、面可拓展的内容也相对较多，如线条化鱼骨、三角形的鱼身、点状化或者短曲线的鱼鳞等，然后再结合元素的排列形式和色彩关系进行创作（图 2-88）。

"蝴蝶——主题性点、线、面综合造型"课题

蝴蝶的造型特征：对称的形态、识别性强、翅膀的装饰性、线形的触角，点、线、面抽象化的形式语言非常丰富。在图 2-89 中，学生的创造性表现值得称赞，他们充分利用各种工具进行表达，如用针在白纸上戳成大小相同的孔，排列成蝴蝶的造型；如用红色缝衣棉线在白纸上绣成蝶。

图 2-89 "蝴蝶"综合构成（作者：2012 级家具设计专业学生 / 指导：王丽）

图2-90 "字母"综合构成（作者：蔡舒虹、陈姝颖 / 指导：王丽）

"字母——主题性点、线、面综合造型"课题

以字母为主题，运用点、线、面对字母进行设计，将简单的几何图形与线条进行组合排列构成背景，字母结合其背景与色彩来达到理想的形式（图2-90）。

2.2.2 设计课题 2 从点、线、面到体的元素拓展

课题名称：元素拓展构成实践

教学目的：学习从二维的平面形态向三维的形态转化，探索各种点材、线材、面材的各种空间组
　　　　　织排列的效果。更好地理解点线面元素到体的拓展。

作业要求：元素分解到点线面，做实用型构成或者主题型构成的课题训练。以点材或者线材、面
　　　　　材进行重新组织与架构，要求形态优美、材料简单、布局合理，有一定的聚众效果。

评价依据：（1）形态元素提取合理。

　　　　　（2）立体造型新颖，个性明显。

　　　　　（3）材料选择合理，利用巧妙。

1. 案例解析

Cana 玩具是由一个主体与两个独立的分体组成的喷壶，其中一个是淋浴喷孔，另一个是壶嘴，通过这种方式，孩子们有两种不同的乐趣，可以在浴缸里或花园里玩，同时也训练了他们的肌肉运动的技能。这个形态就是从三维体块，通过切割和组合的方式进行的一种空间形态的设计（图 2-91）。

Plattenbau 是一个由多根方体细木组件组装成的。它既是一个学习的元素，也是一个玩具，它的各个组件可以以不同的方式组装和结合。Plattenbau 认为这是对空间概念复杂相对性理解的一种学习工具。通过触觉和空间的取向训练，也是一种抽象的技能和战略思维的学习。此案例即是一个"体的积聚"的三维空间形态的表现手法（图 2-92）。

图 2-91　Cana Toy Watering Can
(Reddot Award) 2017

图 2-92　Plattenbau Learning Material and
Toy /Germany (Reddot Award 2017)

2. 知识点：构成的基本元素造型拓展 / 从二维到三维构成的转化

体是面移动的轨迹和面的重叠，面是体的外表，也称作面的三次元的移动。体具有宽度、长度、厚度。二维空间中的体是平面视觉上的幻觉形象，是一种特殊的空间立体关系，不是三维的、实实在在的体，没有重量感。体也具有相对性，不管体的具体形状如何，只要它相对其他形状元素具有三维延展的形状实在性，就可以视为体。由以上点、线、面、体的相对性可知，基本形状元素是动态转化的系统，在构成中不可能将之绝对化，把握这种动态转化可以拓展构成的可能性形态构成中"体"的类型，主要有方体、锥体、球体三种基本形态（图2-93）。

图2-93 体的基本形态

三种基本的体传达不同的语意。球体能够传达端庄和优美的感受，立方体能够传达简练、沉着和严肃的感受，圆锥体则能够传达锐利和活跃的感受。现代主义绘画的先驱赛尚将所要描绘的客观世界物体抽象地归纳为以上三种基本体块，对这三类基本体块语意感受和表达的差异性形成了现代主义造型艺术中体块处理的丰富面貌。体的几何规定性和自由性的差异也有其语义上的不同。具有几何规定性的块体较几何规定性的自由块体更具有理智感和机械感。体的其他形态元素也影响体的语意传达，如体的量的差异会造成浑厚沉重和轻盈的不同感受。

体块是具有长、宽、高的全封闭的块体或块组合所形成的立体造型，与外界有明显的界限，因此具有封闭的属性特征。体块可以产生重量感，其中，大而厚的体块能产生深厚、稳重的视觉效果，小而薄的体块能产生轻盈飘逸的视觉效果。体块在现实空间中一定存在着重心，重心决定了体块存在的状态，使立体形态得到平衡。无论是视觉上的平衡，还是物质上的平衡，我们都可以通过平衡寻找到体块的重心点。而当我们观察判断出的物质重心与实际的物质重心不相符时，便会产生奇特的视觉效果和心理感受。

从二维到三维构成的转化

我们生活在一个具有三维空间的立体世界中，所谓三维是相对于二维的概念提出的。二维空间是具有长度和宽度、占有面积的空间形态关系，三维空间是具有长度、宽度、高度，占有体积的空间形态关系，高度是三维空间的特征。三维立体所呈现的空间形态关系与二维平面中所表现的立体空间关系截然不同，在二维平面中表现的空间深度和层次是单纯视觉上的，运用了透视法等表现立体的效果，而三维立体空间则是在空间中实际占有位置的实体。从平面到立体，从二维到三维思维转换的训练，能够帮助学生建立三维立体的概念。建立立体的空间想象的思维能力对于产品设计专业的学习具有非常重要的作用。

二维半构成

二维半是平面向立体转化的中间阶段，它是介于平面构成与立体构成之间的造型，既具有二维相对平面的特征，又具备立体空间的三维高度的特征，又称 2.5 维构成，是在二维平面中对某些部位利用折叠、弯曲、切割、粘合、拉伸等加工方式，使平面形态产生一定的"厚度"，进而向三维空间推进的过渡阶段。半立体构成较常使用的材料有纸张、塑胶板、木板、石膏、水泥、石板、金属板、玻璃等。产生半立体的形式主要通过折叠（直线折叠、曲线折叠）、弯曲（扭曲、卷曲、螺旋曲）和切割（一切多折、多切多折、不切多折）（图 2-94）。半立体构成的形式表现主要有仿生型构成、肌理性构成、板式构成和柱式构成（图 2-95）。

图 2-94　半立体构成
（作者：2016 级工业设计专业学生 / 指导：王丽）

图 2-95　半立体构成
（作者：2016 级工业设计专业学生 / 指导：王丽）

三维构成的形式和方法

点、线、面、体是一切形态要素中最基本的构成要素。三维立体空间构成中的点、线、面、体是具有长度、宽度、高度，看得见、摸得着的实体要素。

点要素　三维构成中，点是一种表达空间位置的视觉单位，点的体积有大有小，形状多样，点排列成线，放射成面，堆积成体。点的空间表现是空心为虚，实心为体。实体点的造型常常不能独立地完成，需要借助于其他的物体来进行支撑、悬挂、固定，比如用面材来支撑点、线材来悬挂点，那么应该把这些面和点、线和点作为一个整体来考虑，突出点的特征，削弱或隐藏其他的要素。

线要素　长度是线的特征，线太宽或太短会形成面和点的感觉。线在视觉上表现出方向感和运动感，单独的线比较单薄，不具有体量感。三维构成中，线材可以分为软质线材和硬质线材。软质线材包括棉、麻、绳、纤维等，硬质线材包括木材、塑料、金属等。软质线材构成由于材料本身比较轻、软，通常需要事先借助硬质线材设计好整体结构的支撑框架，然后再把软质材料与框架进行结合。线材的三维构成要注意结构和间隙的关系，创造较好的通透感、空间层次感。另外把握好线材的表现力和情感传递。直线给人刚直、坚定、明快的感觉，曲线给人温柔、流畅、轻巧的感觉；粗的直线体显得沉着有力，细的直线体显得脆弱、精致。

面要素　三维构成中的面有长度和宽度，虽然有一定的厚度，但其厚度很薄，也不具有体量感，如厚度过大，便会转向体的感觉。面有明显的轻薄感和延伸感，面构成具有轻盈、轻快的感觉。面的三维构成，每块面体的厚度与正面形态都应首先确定下来，再将它们组织到一个空间内。这时要注意处理好几个方面的问题：面与面的大小比例关系、放置方向、相互位置、距离的疏密。根据预定的构成目的，调整好整体与局部之间的关系，以达到最佳的预期效果。

体要素　三维构成中的体具有长、宽、高的形态。体不像线和面那样的轻巧，带给我们的是充实感、稳重感、结实感和力度感。它的形态比实体的点、线、面都要丰富得多，它可以是规则的几何形态，也可以是不规则的自由形态；可以是内部充实的实体形态，也可以是内部空虚的虚体形态。正因为体有丰富的形态，我们才可以用它来限定和创造多姿多彩的空间。

如图 2-96，学生利用生活中常见的点、线、面等材料而做的构成，体会从二维到三维，因材料不同而带来的形态变化。如图 2-97，2010 世博会各国展馆的建筑表面形态用到了各种新型的点材、线材、面材和体材，体现出极好的视觉征服力。

图 2-96　点线面材料构成
（作者：2016 级工业设计专业学生 / 指导：王丽）

图 2-97　2010 世博会各种型材装饰的展馆

三维实体与空间存在是相互依存的关系，我们在进行三维体块的创建过程中，必然要考虑到其形成的空间感受，也必须组织好虚与实的对比关系。

三维空间形态的表现手法：切割、积聚、组合、悬挂、插接、旋转和扭曲。

切割是指对一个完整的形体，通过切割后再进行重新组合，产生新的视觉效果。形态的切割是块体构成中基本的课题训练，我们可以在方体、球体、椎体、柱体、自由形体等多种形体上进行切割。切割的方式多种多样，有水平切割、上下切割、左右切割、对角切割、直线切割、曲线切割、折线切割等。切割后所形成的各种造型会给人们多种启发，可以创造丰富的形态，增强三维立体空间的思维能力。

在切割时要注意切割数量上的把握，数量过多会影响整体感，会显得支离破碎；切割后的形体比例要把握整体的稳定和平衡；切割后形体和空间关系要把握在对比变化和协调统一中创造出丰富的空间形态。

积聚是指一定数量的单元体的重复。积聚的实质是"量"的增长，通过一定的均衡与稳定、对比与统一等美学原理，从形体与形体的积聚中创造丰富多变的、具有无限空间感、量感、运动感的空间造型形态。在形体的积聚构成中要注意，首先要设计好基本形体，可以是相同的基本形体或相似的基本形体，也可以采用虚实结合的单位形体；其次注意形体之间的贯穿连接，结构要紧凑，讲究积聚的整体量感。

组合可以是单个要素线、面、体的组合，也可以是两个或两个以上要素的组合，创造综合的空间造型关系。积聚与组合的差别在于，积聚强调单纯形体的单纯反复；组合强调构成要素之间的组合，研究各要素之间形态的方向、位置和大小的关系，将分散的单元体组合成新的整体。在组合中要考虑组合形态整体的动势，空间的虚实、疏密等关系，空间造型的主次，视觉中心及造型的完整性。

悬挂是实体向下占有空间，地面空间相对节省和扩大。通常是只有点要素与线、面、体要素的综合搭配，主体才能得以支撑、悬挂。通过悬挂可以使主体形态获得较好的空间视角，有利于增强视觉张力和渲染整个空间气氛。

插接通常以面材造型为主，将面材切割出切口，再进行相互的插接，创造形态各异的空间。设计时要把握好空间形态整体重心的稳定感及整体的态势，它的稳定性与面材切缝的长度、截面的厚度及插接的方向有关。

旋转是形体以一定的方向旋转，在水平方向旋转的同时，可以作垂直方向的上升运动，使其产生强烈的空间动态和生长感。

扭曲是基本形体在整体或局部上进行弯曲，使平直刚硬的形体具有柔和、流动感。要注意把握扭曲形态整体的动势，各部分的贯穿、连接要自然，注意刚与柔、直与曲的变化。

3. 设计实践（一）：主题型空间构成

主题型构成设计实践，要求以蔬菜水果等为原型，首先进行二维形态的概括提取，然后进行材料的融入，这个造型的过程，在本质上是从二维到三维的一个形态转化过程 。基本方法是利用形态、材质、肌理、色彩、动态、节奏等变化的要素所产生的视觉效果，构成新颖、生动、丰富且整体和谐的立体造型体系。通过强化形态之间的呼应关系和有机联系，也有助于整体和谐感的形成。

实践作品要求有一定仿生的形态，形态对比鲜明，变化丰富；材料选择合理，整体和谐；制作精良。

图 2-98 "彩浪"主题的设计实践（作者：肖鑫、李小平／指导：王丽）

图 2-102 "石榴"主题的设计实践
（作者：顾艳云、任孜艺／指导：王丽）

图 2-99 "金日蕨花"主题的设计实践
（作者：魏惊梦、徐颖／指导：王丽）

图 2-100 "清新"主题的设计实践
（作者：姚园、王佳莉／指导：王丽）

"彩浪"为主题的设计实践，以芦荟为原型，简化造型设计，形成四棱锥的形状。设计所表达的是更具有特色的棱角设计，就如同人一般，有自己的特色，活出不一样的自己，让岁月带不走自己该有的智慧（图 2-98）。

"金日蕨花"为主题的设计实践，提取蕨类植物嫩芽的螺旋形态，以彩带缠绕的铁丝为主体，塑造了螺旋状的蕨花花瓣，同时金色的彩带花蕊，使整体成为类似金色太阳的花朵（图 2-99）。

图 2-101 "洋葱"主题的设计实践
（作者：方诗宇、黄佳德／指导：王丽）

"清新"为主题的设计实践，取猕猴桃果肉及籽的元素，分别用点材和线材进行立体的造型。用 A4 纸和 KT 板结合节奏与韵律法则，并用马克笔展现其色彩搭配，按照一定比例排列，体现出清新绽放之美（图 2-100）。"洋葱"为主题的设计实践，元素取自洋葱切开后的洋葱圈，将洋葱圈抽象成线型，通过运用重复、线层的叠加等手法构成中空的柱体，颜色与线圈的大小相对应，运用了洋葱紫色至白色的明度渐变。黑色背景使其更具有质感（图 2-101）。如图 2-102 所示，以石榴的果粒为设计原型，石榴的颜色为基础颜色，再搭配以白、粉作为过渡色，利用立体的排列呈现出漫射的姿态，再通过改变颗粒的大小来使这种张力变得更加明显。

4. 设计实践（二）：实用型空间构成

实用型构成设计实践，要求构思上从二维到三维空间的转化：

元素 / 形态 / 材料 / 造型 / 功能

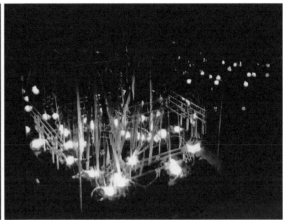

图 2-103　卧虎藏龙（作者：周欣怡、张玮伦 / 指导：王丽）

图 2-104　Argus（作者：王雯藜、董威 / 指导：王丽）

图 2-103，该构成以《卧虎藏龙》中一经典镜头为灵感，结合中国"天地之际，方圆之间"的传统思想，以方体为整体框架，加之古典韵味的雕花与结构，生动体现了中国传统文化。内部将竹子错落有致地排布，并在底部放置暖色串灯，营造出一种温暖高雅的氛围。

图 2-104，该构成增加了实用型功能，它是有形的，黑色 pvc 管交错构成骨骼；它又是无形的，柔光烂漫点亮静谧时刻。以生活的交错的管道为灵感，将 pvc 管进行空间组合，看似有灯光穿梭的立体迷宫，构成的秩序带给它凌而不乱的美感，简单而又富有韵味。

图 2-105，以照明为功能做了实用型构成。台灯的整体造型为圆球，风格简约而不失活泼。设计灵感为灼热的火球。火球的基本形状以及燃烧的颜色、状态，将这些元素应用到圆形灯罩上。火焰的基本形由彩色卡纸制作，灯光可从彩色卡纸之中透出。此外，构成的创新之处在于，将火焰的颜色做了变动，使灯的外观看起来独特而富有生气。为了中和火焰的动感与明艳，用细铁丝做成圆球灯罩网，并在此网外做了一层麻布材质的罩，增添朴素平和之感。动静结合，虚实相生。

图 2-105　实用型构成作品（作者：陈
旭、吴梦芸 / 指导：王丽）

图 2-106　实用型构成作品（作者：吴
旭俊、王东升 / 指导：王丽）

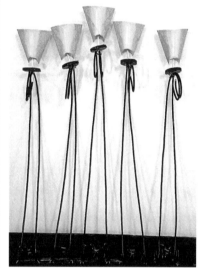

图 2-107　飘（作者：顾倩颖、刘润泽 /
指导：王丽）

图 2-108　铁艺壁灯（作者：王越、曾
朱 / 指导：王丽）

　　图 2-106，这是一款由软木塞组合的构成，其增加了作为凳子的实用型功能。统一的软木塞材料
使凳子各部分具有高度的相似性且互相融合。底部由下而上渐细，同时各层不同程度错位，表达了纤
细多变的特性。凳面由统一的四个平铺的软木塞组合的小方格拼接而成，将凳面与其他部分区别开来。

　　图 2-107，灯罩用铁丝搭建螺旋上升的框架，给人曲线无限延伸的感觉。并用羽毛点缀，缠绕小彩灯，
富有节奏与韵律感。采用刚硬的铁丝和柔软的羽毛两种材质，既有强烈的对比，又将硬与软调和在一起。

　　图 2-108，该实用型构成先用卡纸折成灯的样式再上色，用 KT 板和铁丝固定成为一小盏灯，如
此反复，将灯固定在提前准备好的 KT 板灯座上，完成该作品。这是一个壁灯的设计，设计最先是从
孔雀造型中提取的元素，多盏灯一起构成了孔雀开屏之姿，自古孔雀开屏就有大吉大利之意，而暖黄
的灯光，则寓意幸福美满。

2.2.3　设计课题3　材料新知觉（肌理与材质）

课题名称：材料新知觉设计实践

教学目的：合理利用新材料，树立"用材料来思考"的理念，启发和调动学生尝试各种工具、纸张乃至各种物质，让学生养成对材料的探索和兴趣。在探寻材料所产生的效果中激发学生的创新思维，发现材料的美和不同材料所产生的效果美。

作业要求：利用现有工具的多样性、纸张的丰富性，用多种不同的肌理与材质创作关于"材料新知觉"的构成。

评价依据：（1）材料选择新颖合理，能提升形态的美。

（2）肌理质感表达效果有美感。

（3）材质形式表现角度有创新。

（4）制作精良，画面整洁，整体效果和谐统一。

1. 案例解析

以"都市"为题材，用剪出的门框、各种小人、旧光盘等来表现该主题的一种综合构成训练，要求对色彩、材质、造型都有一定的表现意图，如图2-109。

如图2-110，构成运用了大量的螺栓、螺母、螺钉、垫圈，宛若一座钢铁城市。近代工业的高速发展，重工业城市高耸的烟囱，一座又一座，雾霾严重、缺少绿化，看似欣欣向荣、不断发展的城市，实际上只是一座钢铁废墟。该构成由单一元素订书钉组合而成，不同高度、不同方向、不同位置的订书钉共同组成摩天大楼的形态。在KT板下方的黑卡纸上铺上玻璃纸，起到反光的作用，呈现出阴影效果。在展示的过程中使用多个强光光源，利用订书钉材质的金属反光达到更好的视觉效果。

如图2-111，折纸软装饰织物是一种创新的三维材料，可以作为隔音材料。设计灵感来源于日本折纸技术，在生产过程中通过对原材料简单的表面做轻微地束缚，创建出特殊的折叠模式。此案例是一种肌理美感结合3D展现的材料质感效果。

图2-109 材质表达构成训练

图2-110 材质表达构成训练

图2-111 折纸软装饰织物 / Reddot Award 2013

2. 知识点：材料质感肌理

质感是形态构成中又一不可缺少的重要元素。因为所有实体都是由材料组成的，这就带来质感的问题。所谓质感，就是指材料表面组织构造所产生的视觉和触觉感受。它最常用来形容实体表面的相对粗糙和平滑程度，也可用来形容实体表面的特殊品质，如石材的粗糙面、木材的纹理面等。运用不同的质感，有助于表达实体形的不同表情。

每种材料的质感都存在两个要素，即视觉要素和触觉要素。材料的视觉要素是眼睛看得到的，包括材料的色彩、形状、肌理等；材料的触觉要素是指材料的硬、软、粗糙、细腻等，在触摸时可以感觉出来。在质感运用中，空间的大小对选择材料的质感也有影响，如有粗犷质感的材料有"前趋感"，易造成空间的"收缩"，所以不宜于小空间的运用。

利用材料的质感肌理进行组合设计大致有三种形式：

同一材料肌理的组合：单一组合是靠肌理本身的纹理特性和纹理走向，通过对缝、碰角、压线重叠等手法，来实现肌理的组合协调。

相似肌理材料的组合：注重整体造型一致，在整体之中求得细部变化，给人以细腻、统一、自然的视觉效果。

对比肌理的组合：对比肌理的组合是通过材料物理特性的体现来完成的。从美学意义上讲，对比是把两种不相同的东西并列在一起，使人感到鲜明、醒目、振奋。对比材质的配置，是多种不同材质的搭配使用。比如将亮光材质与哑光材质、坚硬材质与柔软材质、粗糙的材质肌理与细腻的材质肌理等配置，使不同材质的表现力相得益彰。

多种材料的运用，如通过平面与立体、大与小、简与繁、粗与细等对比手法就会产生相互烘托、互补的作用。不同的材质带给人不同的视觉、触觉、心理的感受。

3. "材料新知觉"设计实践（一）

在"材料构成"训练中我们要做的第一步是去看材料，带着眼睛、耳朵、皮肤、心灵等你所拥有的所有感官经验去仔细体会材料，发现让你心动的或者不为人所注意的那些视觉感官经验。对待材料要真诚、放弃过去主观的那些经验和认为材料属于工程不属于创作环节的态度。

不同的材料会产生不同的视觉效果和心理感受。即使同一形态，采用不同的材料也会产生不同的效果和感受。同是面材，金属板使人感觉冰冷、坚硬；玻璃板使人觉得透明、易脆；木板让人感到温暖、舒适；塑料板让人感到柔韧、时髦。表面光洁而细腻的肌理让人觉得华丽、薄脆；表面平滑而无光的肌理给人以含蓄、安宁的感觉；表面粗糙而有光的肌理让人感觉既沉重又生动；表面粗糙而无光的肌理，给人感觉朴实、厚重。形态构成中的立体造型要依赖于物质材料来表现，物质材料的性能直接限制了立体构成的形态塑造，同时，物质材料的视觉功能和触觉功能是构成表达中重要的组成部分，它赋予了材料肌理不同的心理效应。"材料新知觉"所涉及的最基本的视觉元素有肌理、轻重、干湿、软硬、光滑粗糙等材料构成要素以及丰富肌理层次的色彩。

如图 2-112 仿生洋葱，提取洋葱剖切面的同心圆的纹理，用木块表面一圈一圈的年轮恰好得以表现，排列错落有致，韵律美感强烈。木材粗糙的肌理质感带给我们不一样的温暖感受。

如图2-113，纸绳卷成大小不一、颜色不同的圆形，白色、蓝色的纸绳表示地中海的建筑，与海、天相呼应，五彩斑斓的鲜花与海滩如这片世界的小小惊喜，宁静、浪漫、美好。任何一件设计作品都是由许多的基本的构成因素来构成的，在众多的因素中形、色、质三者是最基本的要素，以这三者为基础进行编排和组织就构成了千姿百态的设计作品。从自然界中提取大量的色彩，利用材料和肌理进行再设计，加强材料纹样、质感的作用与感染力，形成对材料全方位的判断和审美。

如图2-114是对清真寺神秘色彩的提炼，以异域风情盛开的花为造型，材料使用不同颜色的麻绳，因麻绳的纤细，可完美地展现出花瓣的延展性，增强了画面的视觉效果。利用表现语言和技巧方法中的笔触、肌理、材料等，激起我们的审美情感。

图2-112　圈

图2-113　地中海
（作者：陈娴、陈鸿燕 / 指导：王丽）

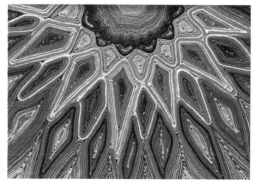

图2-114　神秘清真寺
（作者：胡晨晨、鲍璐瑶 / 指导：王丽）

图 2-115　热情里约（作者：昊方圆、朱玲昀 / 指导：王丽）　　　图 2-116　彩玻之迷（作者：陈晓燕、王丹娜 / 指导：王丽）

　　如图 2-115，通过对纸片的分割、折叠、堆叠，形成一朵朵具有立体感的花，纸张材质的硬度使花更具有生命力，排列看似凌乱实则有序，用丰富的色彩表现出充满色彩的热情之城——里约。

　　如图 2-116，运用彩色卡纸制作或平面或立体的彩色玻璃块面，使作品整体绚丽而富有变化，画面整体明度从四周到中心由低至高，自然而然地把人的视线吸引至画面中心；黑卡纸作底和立方体的侧面使色块间的分割更为明显，统一了画面也突出了色彩。

　　如图 2-117，把大小有递增性的纸张进行堆叠形成三角锥，表示"坝上"——由草原陡然而形成的地带。几何化风格，抽象造型美，用不同的颜色体现出坝上草原的四季。夏天的坝上草原天蓝欲滴，云清秀，草清香；秋天的坝上草原野果飘香，树旺盛，万山红。

　　在材料与肌理的课题中，如何以材料与肌理的语言表现出我们想要的视觉效果和质感是我们思考的方向。选定的对象是自然界中野趣盎然、千姿百态的鸟儿们。想要表现自然的景象必须回归到大自然中去。如图 2-118 提取了孔雀尾羽的色彩，将羽毛抽象为彩色的线条，以灵动又柔美的曲线表现鸟儿在风中自由飞舞的动态，圆形闭合的线团随意散布于曲线间，打破了画面的单调，使画面内容更为丰富。选用麻绳是因为麻绳是取自各种麻类植物的纤维，它带给人的天然感觉，让我们仿佛离自然又更亲近了一步。麻绳的耐磨与韧性及自然感和易着色的特点贴切地表现出鸟儿的色彩丰富和野趣盎然。用麻绳缠绕而成的眼睛给人视觉上的体积感和毛茸茸的肌理感，柔软又不失韧性，鸟儿的倔强和野性感油然而生。

　　如图 2-119 的构图参考了突尼斯的地理位置——海和沙漠夹缝间的绿洲，用细长的线条走势来体现狭长的地貌，用层叠的彩色卡纸来构成全图，纸层左高右低，冷暖色系的对比使得画面颇为明丽。

　　如图 2-120，海天佛国系列作品通过对充满佛教文化的舟山进行色彩提炼、归纳。运用绣线和废纸片进行构成表达。制作时先剪出半圆形，将多彩绣线缠绕在纸片上，表达出波浪的造型。绣线颜色丰富，选择饱和度高的颜色，给人明快活泼的视觉感受。将圆片布置在相框里，形成半立体造型，表达出海天佛国给人的整体感受。采用毛线缠绕硬纸板圆环的手法制作海浪状元素，采用寺庙和宗教气息浓郁的色彩，通过堆叠将大小、色彩不一的元素组合成富有东方浮世绘气息的画面，典雅肃穆。

　　如图 2-121 木材的单一组合，根据肌理本身的纹理特性和纹理走向进行组合，将长度变化有规律的小木棍组成正方形，大小递减地堆叠，同时具有颜色的渐变，体现出了西部地区具有空间感的色彩变化。

如图 2-122，用生活中的豆子作为材料，并染上渐变的颜色，像是一个个圆形小色块进行拼接组合，通过色彩的变化来体现山水之间颜色的不同。

如图 2-123，以碎布片折出叠状的小三角为元素，背景是随机散落的三角片，与前景有序排列的圆圈形成对比，从而衬托主体。正中的圆环与四角的圆环部分相呼应，均由重复、渐变的手法排列而成。中间的大圆象征着富士山，四个四分之一圆象征四季，由春之樱花、夏之青山、秋之红叶、冬之白雪所组成。

图 2-117 坝上草原
（作者：王映雪、陈晓君 / 指导：王丽）

图 2-118 万千灵鸟（作者：毛燕燕、张勇 / 指导：王丽）

图 2-119 神秘的突尼斯（作者：吴小丽、孔超翔 / 指导：王丽）

图 2-120 海天佛国
（作者：王田、阮茜乔 / 指导：王丽）

图 2-121 西部地域（作者：许妍、陈曼菱 / 指导：王丽）

图 2-122 山水
（作者：龚旭峰 / 指导：王丽）

图 2-123 富士山之四季（作者：张丹瑜、张秋春 / 指导：王丽）

4. "材料新知觉"设计实践（二）

以点、线、面、体等材料进行装饰字体的构成表达，可借助于计算机辅助工具。选择一个传统的祝福词汇进行二维形态上的构成设计，结合点线面元素进行排列与布局，然后融入材料的设计实践。

"年年有余"根据其文化特性将"余"以"鱼"的形式展现，最后以金属、绒布等材料表现出来，更具美感及传统味道（图2-124）。

"狗年大吉"将中国的传统图案元素抽象简化成几何的形式，以点和线构成整幅图。"狗"结合了狗的鼻子和耳朵，"年"下方悬挂着红色灯笼穗，寓意狗年吉祥如意。实物以PVC泡沫板为主要材料，切割裁剪出原图的效果，最后以碎木屑铺背景（图2-125）。

"龙凤呈祥"字体部分采用棕榈丝，颜色较深，能够突出重点，背景采用同一色系的粗毛线与浅色牛皮纸衬托主体，刚柔结合，虚实互衬（图2-126）。

"寿比南山"整体以五谷与玉米面作为材料，有高有低，虚实结合，将线稿换为点材料赋予新意义，背景为牛皮纸原色，颜色鲜艳又和谐（图2-127）。

"瑞雪迎春"字体运用简单的点线组合而成，并且通过改变形态的大小和表现形式来丰富画面。将发带折叠和打结并用针线固定，带来温暖美好之意（图2-128）。

图2-124　年年有余（作者：高雅娜/指导：王丽）

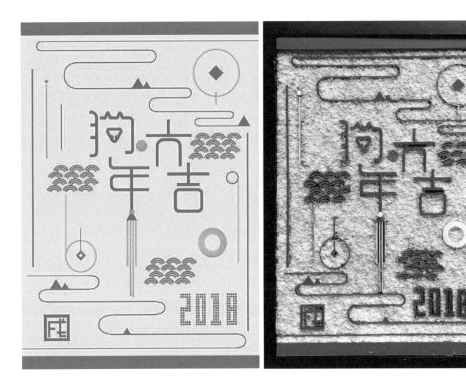

图 2-125　狗年大吉（作者：余天然 / 指导：王丽）

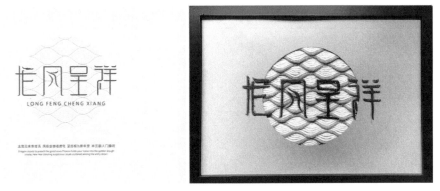

图 2-126　龙凤呈祥（作者：徐浙青 / 指导：王丽）

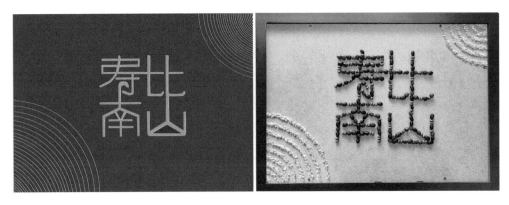

图 2-127　寿比南山（作者：施颖洁 / 指导：王丽）

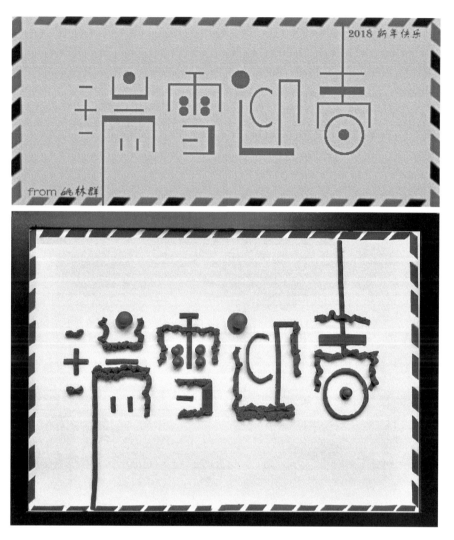

图 2-128 瑞雪迎春（作者：姚林群 / 指导：王丽）

2.3 形态构成审美篇［形式·美感］

2.3.1 设计课题 1 思考形式美学

课题名称:(1)美的形式法则主题性构成
　　　　　(2)美的形式法则"花的语义"形态构成

教学目的:让学生对形态构成的造型法则和美的形式
　　　　　有理论的认知,注重对学生审美能力、感
　　　　　知能力的培养。

作业要求:利用美的形式法则——对称与平衡、节奏
　　　　　与韵律、尺度与比例、对比与和谐、统一
　　　　　与变化。其一以美的形式法则做五组主题
　　　　　性构成;其二以"花的语义"做点线面的
　　　　　二维形态构成。每一组两幅表现在一张 A4
　　　　　纸上,色彩、工具、材料不限。

评价依据:(1)主题或语义表达清晰明了。
　　　　　(2)造型感强,形式法则利用合理。
　　　　　(3)形式创新,审美独特。

图 2-129　Concertina 六角折叠系列
（设计者：Raw Edges）

图 2-130　螺旋扶手椅（Missana）

1. 案例解析

如图 2-129"六瓣花瓣"做成的家具,"Concertina"意为六角手风琴,英国工作的设计师组合 Raw Edges 的两位设计师 Yael Mer 和 Shay Alkalay 设计的这组折叠形态家具,原理就来自六角手风琴的机械结构。他们从最有挑战性的扶手椅着手,椅子底部是一个镀金木炭灰色金属结构,Nomade 特制皮革坐垫形似交叠的六瓣花瓣,整体外观看上去优雅可爱又特别。西班牙家具厂 Missana 推出了一个不寻常的双重色彩螺旋图案扶手椅(图 2-130)。从构成的形式美学来分析两者的造型,均运用了尺度与比例、对称与平衡等美的形式法则。

2. 知识点:造型法则与形式美感

造型法则与形式美感的具体内容是指二维形态构成中美的形式法则,是人类在创造美的形式、美的过程中对美的形式规律的经验总结和抽象概括。从古希腊时期,人们就开始注重对形式美规律的研究和探讨,并归纳和总结出许多关于形式美的法则,如对称与均衡、节奏与韵律、比例与尺度、对比与和谐、变化与统一等。在美的形式法则指导下,在设计创作过程中又出现了重复、呼应、调和、均匀、疏密、繁简、浓淡、轻重、对称和均衡等调整和控制的方法和手段。观察任何一件艺术设计作品,都能从中寻找到美的形式法则的影子。在形态构建的过程中,也要依靠和利用这些形式法则,它们就像是构成句子和文章的语法一样,保持和调整着句子的通顺和优美,约束和制约着文章的基本格调。

对称与平衡

对称是指事物中相同或相似因素之间相对称的组合关系所构成的均衡,又称对等或均齐。基本形式分完全对称和相似对称,是形式美的核心也是平衡的特殊表现形式。生活中的对称形态比比皆是,对称给我们的视觉带来秩序和平衡。均衡在造型艺术上主要指作品的形,心理感受上的形状与色彩在面积、大小、轻重、空间上的视觉平衡。和对称相比较,其更富变化、自由及个性化,运用在二维中是指视觉与心理的等量感,在三维中更多强调重心。

对称则是平衡的特殊形式。对称的形态在自然界随处可见,如我们的身体、鸟类的翅膀等。在人造物设计中也有大量典例,如北京的故宫、四合院,欧洲中世纪的哥特式教堂,大多数交通工具和电子产品中也都是对称形态。与平衡、均衡形态不同的是,对称形态给人的视觉感受趋于安定和端庄,更显示出规范、严谨的性格来。若处理不当,会有单调、呆板的感觉。

对称是平衡的最好体现,对称形态具有单纯、简洁,以及静态的安定感;平衡是指形态构成元素在力量及空间关系上保持均衡状态,即达到视觉上的平衡感受。因此,对称是在统一中求变化,平衡是在变化中求统一。而平衡中最容易达到统一的,是对称的平衡,与之相对的则是非对称平衡。

对称的平衡

轴对称——以轴为中心,将两侧或多侧的基本形在位置、方向上做出互为相对的构成。

翻转对称——以某原点为中心,将基本形作旋转、镜像、放射状的构成。

排列对称——以一定规则作平行排列的构成。

非对称的平衡

力的平衡——以构成元素在大小、位置、数量、材质的变化，达到"心理力场"的平衡。

空间平衡——以形体与虚空间的对比和布局来达到整体平衡状态，是书法、插花常用的艺术手法。

图 2-131　晓风拂梦（作者：陆栋 / 指导：李松 / 紫蝶工作室）

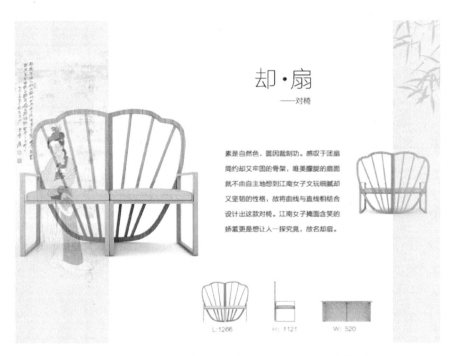

图 2-132　却·扇（作者：杭煜川、秦鹏瑞 / 指导：李松 / 紫蝶工作室）

图 2-131 和图 2-132 的家具套系设计中，每一个单件，都能看到对称平衡的形式美法则。这是一种极具典型的东方美学，在传统家具的设计中运用最广泛。两款产品的设计从形式、造型、材质、色彩等都具有新中式美感。

节奏与韵律

节奏与韵律来自于音乐术语，在造型艺术中的节奏指形态、色彩、材质的排列组织。动势上由大到小，再由小到大，由静到动，再由动到静，由直到曲，再由曲到直，形成有规律、有秩序的变化，有序性和规律性是节奏的体现。韵律则是在节奏基础上具有一定的情感表达性。

节奏还会产生韵律，使节奏具有强弱起伏、抑扬顿挫的变化，赋予节奏一定的情调。在构成设计中注入韵律感就是要把作为"节拍"的基本形在大小、形状、色彩上处理得当。韵律的形式有重复、渐增、抑扬。具体如下：

重复——把基本形作反复构成，由于观者的视线移动而相对地产生律动感。这种构成形式比较容易掌握，但元素重复的少量时会产生单调感。所以重复的数量达到一定量时，对于三维形体的整体表现力度就会提高。

渐增——基本形之间加以渐变。渐增比重复更有动感，给人以充满力量感。这种视觉力度的比例是由于渐进力的变强而产生舒适流畅的韵律感，其效果是从等差的构成向等比的构成提高。

抑扬——基本形之间以不规则的级差作变化。抑扬给人以非常激昂的形态表情，对它的理解和把握也是较难的。

节奏和韵律在形态构成中往往表现为点、线、面和体块等因素的结构关系，形态、大小、色彩、空间等用以帮助形成节奏感，巧妙地运用会让作品在形式上富有运动感和生命力。

图2-133"几流影"餐车风驰电掣般的视觉效果来自于将格栅横向排列，间隔性地隐去部分竹条。重复的线以不规则的级差作变化形成一定的节奏与韵律感。

图2-134品物流形的"冰"书架以中国传统木纹窗格的冰裂纹作为灵感而设计，书架采用模块化制作，每个六边形木格为一基础模块，可以根据空间需求搭建成不同的高度和形状，形成屏风，并可以无限延展。六边形木格作为一个基本形加以渐变所形成的渐增，产生了一种别有韵味的节奏与韵律感。

图2-133 "几流影"餐车（设计者：石大宇）　　　　　图2-134 "冰"书架（品物流形）

对比与和谐

对比指将视觉元素间的性质（形状、色彩、面积、位置、方向、肌理等）及视觉心理等因素十分突出的表现，通过可见的造型上的大与小、直与曲、长与短、粗与细、刚与柔、疏与密、繁与简、冷与暖、动与静、规则与不规则、传统与现代形成形式对比，目的是鲜明呈现形象的特征，产生强烈的视觉效果以吸引观者并加深印象，是艺术创作的基本手段。

和谐是指作品中组成各元素间相互联系而形成的协调，由于对比弱而相近的因素强而形成的调和。和谐是在自然世界普遍存在的，也是人类社会未来发展必须遵循的科学原则。在构成作品具体运用中，元素出现的种类越少，元素间的对比越弱，呈现的和谐性越大。

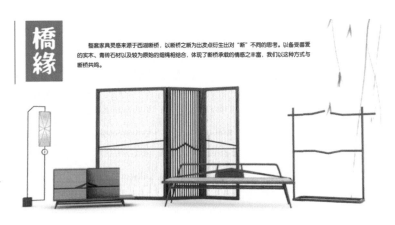

图 2-135 桥缘（作者：程意斐 / 指导：李松 / 紫蝶工作室）

图 2-136 醉江南（作者：张恺挺、黄凯燕、计晓琴 / 指导：李松 / 紫蝶工作室）

图 2-137 家具中的色彩对比
（作者：万焱、朱振杰、王露晗 / 指导：李松 / 紫蝶工作室）

图 2-138 家具中的材料对比（作者：魏琪峰、胡家轩、王星翔 / 指导：李松 / 紫蝶工作室）

在产品设计中，任何一款作品都会有对比，只是强弱不同。如图 2-135 "桥缘" 中的粗细线条对比、直线折线对比；图 2-136 中的 "醉江南" 作品中空间的虚实对比；图 2-137 中的色彩对比；图 2-138 中的材料对比。对比与和谐是矛盾与统一的辩证关系，过分强调和谐就会降低对比因素，从而减弱视觉冲击力，作品效果就会平淡、平庸。所以在追求和谐的同时更要注重由对比激发出来的审美活力，在对比与和谐的关系把握上对 "度" 的调控是关键，需要反复摸索，灵活运用。

比例与尺度

比例是部分与部分或部分与全体之间的数量关系。它是精确详密的比率概念。恰当的比例则有一种和谐的美感，成为形式美法则的重要内容。美的比例是平面构图中一切视觉单位的大小，以及各单位间编排组合的重要因素。

提到比例，我们最常想到的是黄金分割比例，其实常用的比例还包括等差数列比、等比数列比、根号数列比、调和数列比、弗波纳齐数列比及贝尔数列比等。不过最为重要的还是黄金分割比，公式表示为 1:1.618。古希腊的毕达哥拉斯从五角星中发现了黄金分割的数理关系，提出最美的形式为长和宽成黄金分割比例的形式。黄金分割比例成为建筑雕塑等艺术形式最频繁引用的比例准则，也是主要的形式美因素。人类自身的躯干宽与高之比基本上接近于黄金分割比例。自然事物中的黄金分割比例也很常见。近代心理学实验也表明接近黄金分割比例的图形最易被注意和接受。这些都是黄金分割比例的美感的视觉心理经验基础。黄金分割比例被广泛运用于视觉艺术中，古代希腊、罗马、文艺复兴时期的艺术最典型地体现出对此种比例美的依赖，现代设计中依然把黄金分割比例作为最重要的比例形式，这点在形态构成设计中也不例外，数理秩序性是这些比例的形式美感的本质。

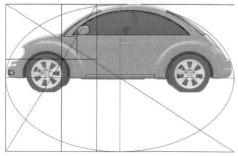

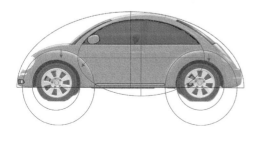

图 2-139 甲壳虫汽车（图片来源：《设计几何学》）

大众公司甲壳虫汽车造型符合优美的黄金分割椭圆的上半部分，侧窗重复了黄金分割椭圆形状，车门在一个正方形里，符合一个黄金分割矩形，后车窗符合黄金分割矩形的倒易部分。汽车外观造型的各处细节变化部分都与黄金分割椭圆和正圆相切，甚至天线的定位都是与前车轮轮井外圆相切。这部车的正视图大体上是一个正方形，表面各个细节都对称。引擎盖上的大众公司标志位于正方形中心。在结构示意图中，一个黄金分割椭圆与一个黄金分割矩形内接，车体正好处于黄金分割椭圆的上半部分，椭圆长轴刚好在车轮中轴下部。第二个黄金分割椭圆围绕着汽车侧窗，该椭圆同时与前轮轮井和后轮相切，椭圆长轴与前后轮轮井相切。与正视图一样，后视图适合一个正方形。同样，公司标志接近正方形中心，并且所有细节和表面变化是对称的。这一款车体的几何形同样贯穿所有其他细节。前大灯和尾灯是椭圆形的，但因为它们位于曲面上，所以看上去好像正圆。甚至车门把手也是一个凹圆，被装有圆形车锁的切过圆角的矩形分为两半。天线的角度延伸出去是前车轮挡泥板圆的切线，并且它的安装点布局与车轮挡泥板有几何关系（图 2-139）。

以下为用黄金分割比例和几何分割比例做的设计实例（图 2-140～图 2-142）。

图 2-140   按黄金分割比例做的设计（苹果标志）

图 2-141   按黄金分割比例做的设计（设计者：冯浩川）

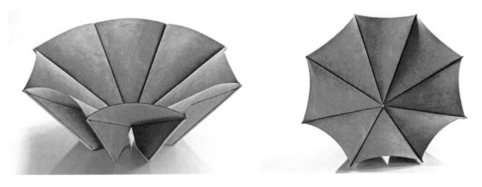

图 2-142   按几何分割比例设计的八角果盘

变化与统一

变化与统一是形态构成中达到理想效果所必须遵循的法则之一。变化与统一又称多样统一，是美的形式法则的总规律。任何实物形态总是由多种元素有机的组合，成为一个整体。变化是寻找各部分之间的差异、区别，统一是寻求它们之间的内在联系、共同点或共有特征。没有变化，则单调乏味和缺少生命力；没有统一，则会显得杂乱无章、缺乏和谐与秩序。

主要表现为：①同质要素的组合；②类似要素的组合；③异质要素的组合。同质要素的组合，表现为有秩序、简单、统一、调和，但缺乏生气和活力，容易陷入单调乏味的状态；类似要素的组合，组合要素在大小、方向、色彩等方面相类似，在对比与统一的基础上显得生动活泼；异质要素组合，由于要素之间的差异大而产生强烈对比，容易陷入零乱、不和谐的状态。

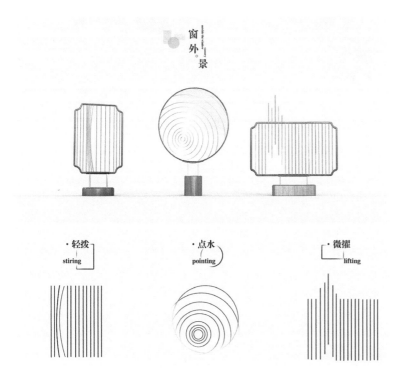

图 2-143　窗景系列（设计者：Yeutz/ 普象网）

如图 2-143 窗景系列的作品中，变化与统一的表现形式为形的"类似要素的组合"。竹篾细线、红木外框、金属底座都是这系列里"形"和"质""统一"的表现，"变化"在于产品的线条长短曲直、外框和底座的不同几何形态。这样的组合在对比与统一的基础上既显系列感较强，又显生动活泼。

在造型艺术中，统一性给人的感觉是和谐、协调、完整和完美。清代画家沈崇骞说："要于极繁乱中仍然不失为条贯者，方为善画。"美国建筑理论家哈姆林指出："一件艺术作品的重大价值，不仅在很大程度上依靠不同要素的数量，而且还有赖于艺术家把它们安排得体。或者换句话说，最伟大的艺术家，是把最繁杂的多样变得高度统一。"变化与统一是同一事物矛盾的两个方面，两者之间是相互对立而又相互依存的整体关系。变化体现了各个事物的个性以及它们相互之间的矛盾差异；统一则体现了各个事物之间的共性和整体联系。这种对立统一的因素存在于客观自然界的一切事物之中。布鲁诺认为，整个宇宙的美就在于它的多样统一。他说："这个物质世界如果是由完全相像的部分构成的，就不可能是美的了，因为美表现于各种不同部分的结合中，美就在于整体的多样性。"这充分说明变化与统一的辩证关系，表达了在变化中求统一、统一中找变化的艺术规律。

3．设计实践（一）：美的形式法则主题型构成

以羽毛为主题。节奏与韵律：有条理的反复、交替和排列。利用重力作用表现运动过程中的形态变化，给人轻盈飘逸的感觉和愉悦的心情；对称与平衡：羽毛整体呈对称分布，稳定庄重。在有些细节处并不完全对称，采用黑白的色彩调和，给人视觉意义上的均衡，又不缺乏美感；对比与和谐：羽毛呈完全对称，对比表现在黑白色彩上和虚实上，和谐表现在两侧相同的元素上（图 2-144）。

图 2-144　构成造型法则与形式美感之"羽毛"（作者：顾倩颖 / 指导：王丽）

以水为主题。以曲线的构成元素，不同轨迹的曲线加以不同的色彩，形成具有一定立体感的色阶，具有丰富的动感，体现出节奏与韵律的主题；以水波为元素，水波中泛起的涟漪左右对称分布，天空的色彩折射在水中，与清澈的水相呼应平衡，突出了对称与平衡的主题；采用了虚实结合的手法，结合色彩展现出两部分的对比关系。作品组成一个和谐的水波纹图案，从而强调了对比与和谐的主题；将大小一致的长方形以一定的规律排列分布面积为统一，用颜色、长方形间的间隙改变来体现变化（图 2-145）。

图 2-145　构成造型法则与形式美感之"水"（作者：周欣怡 / 指导：王丽）

　　以城市的窗户为主题。通过曲线与黑白块面从左往右渐变缩小，展现韵律与节奏感；四个长宽不一的矩形组合排列，形成一个类似方形的整体，底部的明快的绿色和黄色，与顶部浓重的红色与蓝色形成一种对峙，从而达到对称与平衡感；简单的黑白对比，同时通过方与圆、曲与直等形状的差异来体现对比，但同时也融入了一些类似的元素，使之形成整体和谐感；通过同一比例的矩形等比缩小来展现比例，穿过节点的圆弧与黑白的色块更清晰地表现出了这种变化的规律与轨迹；使用了矩形作为了统一元素，不同长宽的矩形彼此嵌合，形成一个自由紧密的块面，为了使之不显单调又在矩形之中加入了圆形这一元素，使画面更显活泼，体现统一当中的变化感（图2-146）。

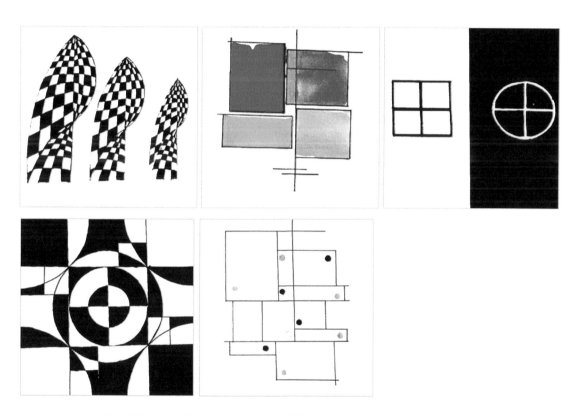

图2-146　构成造型法则与形式美感之"城市之窗"（作者：王辰宇／指导：王丽）

　　以树为主题。极简对称的树枝；树叶离散飘落所形成的画面平衡感；唯一黑色填充的树与其他树木形成的强对比；代表枝叶的细线，旋转排列的曲线韵律；反向的线条排列产生节奏感；用线造面，以间隙渐变制造画面和谐；使用虚实不同的面结合形成理性的立方体，同比例的面聚集形成更大的体量，整齐排列有更强的逻辑感和秩序感，上下不同的尺度和数量形成强对比；统一的简化树形进行无序排列，每棵树又采用不同的图案填充，虚实变化，和而不同（图2-147）。对称与平衡：数个三角形颜色、大小不同，构成的整体的树状图形体现了平衡，三角形放置位置灵活却对称；节奏与韵律：放大树干局部，利用树木富有变化而具有规律的纹路表现了韵律感；对比与和谐：夜中树林，白色的树木与黑夜形成对比，但整体是安静的韵律，氛围和谐；尺度与比例：用长度成比例的不同正方形构成的图形；统一与变化：方块大小统一，黑白颜色与组合而成的形状有所变化，不再是单调的正方形（图2-148）。

图 2-147　构成造型法则与形式美感之"树"（作者：刘雨涵 / 指导：王丽）

图 2-148　构成造型法则与形式美感之"树"（作者：吴敏纳 / 指导：王丽）

4. 设计实践（二）："花的语义"形式法则构成

以抽象的花为元素，用对称、平衡、节奏、对比、统一、比例、尺度等形式法则进行造型，表现一定的语义。

花的语义——"盛开"，此词汇能联想到的单个元素为各种花瓣，花瓣造型有变化，做多种形式的排列。对称：运用颜色块面的对比进行左右对称排列，由块面铺排出圆弧边的对称花瓣。对比：依旧是黑白两生花，如倒影般的排列，在形状上却做了更多的变化，以多种形状的块面组合作出对比。平衡：通过线条的疏密来探索不对称的自然平衡。韵律：将点与线相结合，用不同大小的圆点随机点缀于规则的放射状射线中以表现动感又富有变化的主题。比例：规则的五边线由大到小、由外到内排列，犹如盛开的玫瑰（图2-149）。

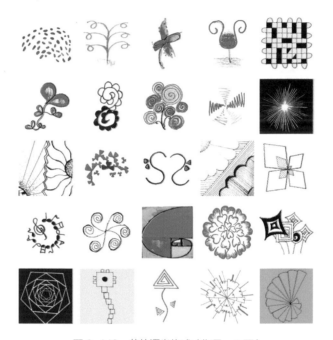

图2-149　花的语义构成（指导：王丽）

花的语义——"韵"，此词汇能联想到的是花香袭袭，形态是韵中有律，表现出一种空间的动态。左图是将单一图形按照一定比例进行缩放并采取螺线形排列的方式给人以无限延伸"韵"的心理感受。右图则是统一使用了方形这一构成元素，并在长宽比上进行了变化，同时随机对一些方形填充了黑色，形成了画面的重点（图2-150）。

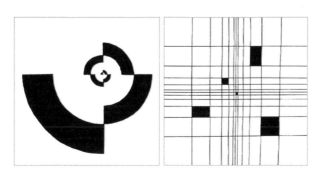

图2-150　花的语义构成（作者：张玮伦／指导：王丽）

　　花的语义——"落花流水"，剪而不断的纸张线条表现流水，星星点点的小碎纸片表现落花；揉搓成细条的纸巾染上颜色成流水，揉成团状的是掉落的花簇；红色的圈状花朵洒落在玻璃碎片堆砌而成的流水上，在阳光下闪闪发光；马克笔的深色笔触与短短的细条色卡相得益彰。这4幅作品中，材料和手段都有新意，具有创新性（图2-151）。

图2-151　花的语义构成（作者：2012级家具设计专业学生 / 指导：王丽）

2.3.2 设计课题2 时尚与构成美学

课题名称：“一个什么样的我”美的形式构成训练

教学目的：结合流行时尚，学习和理解构成的形式美，提高学生的审美意识。

作业要求：以“一个什么样的我”为主题结合时尚与流行风格做形式构成训练；要求提取自己的形象或性格或喜好等特征，结合时尚风格与流行色彩，以点、线、面为基本元素做系列化构成实践。通过计算机辅助工具实现其平面效果。图形元素、色彩不限，尺寸A4纸大小，要求有主题设计说明。

评价依据：（1）“什么样的我”概念明确，提取的构成元素到位。

（2）所构成的形象与自己的特征有一定的联系。

（3）点线面元素及色彩表达体现流行时尚美学。

（4）表现形式新颖，系列感强。

1. 案例分析

如图 2-152 所示的鼠标设计，运用现代化曲面设计与暗红色色彩，从符合人机工程学的角度作为切入点来进行设计，体现了现代感与科技感。如图 2-153 所示的座椅设计，采用木材与金属材质拼接，使用木材热弯技术赋予硬质的木材以柔性的态势，体现刚柔结合的韵律感，充满时尚元素。如图 2-154 和图 2-155 所示的茶几与门牌设计，运用金属与玻璃相结合的质感，通体采用简洁的几何线面，具有非常强烈的时尚特征。另外，该门牌设计利用了玻璃材质的通透性，结合灯光的渲染效果来营造氛围，极具时尚性与流行性。

图 2-152 鼠标

图 2-153 座椅

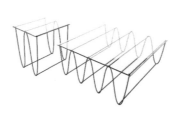
图 2-154 茶几

图 2-155 门牌

2. 知识点：时尚与构成美学

时尚在本质上是"流行的模仿"，在美学意义上属于一种审美思潮所派生的趋同化审美实践，是由少部分人倡导、最终引发众人效仿的审美现象。时尚是当下审美活动中呈现鲜明二重性的审美现象并体现出丰富复杂美感的要素。

在消费社会中，时尚成为引导消费活动的运作逻辑和心理势能，成为当代社会的一种神话景观和美学形式。时尚来源于主体的符号需要，是符号消费需要和象征消费需要的双重聚集。时尚的力量是永恒的力量和超越历史与空间的力量，因为它寄寓着人类的感性追求、消费欲望和美感以及自我被社会承认的符号力量。

同时，时尚具有超功利性、新颖性、感染性、先锋性与感化性的审美特征，而正是这些特征造就了时尚在审美中所承担的地位。

将流行时尚元素应用于设计构成中，不是简单地套用其外在形式，还需要将其内在含义充分运用。

当我们着眼于时尚前沿进行设计时，首先需要对某一品类的设计元素进行分析与提炼，并将具体的形态转化成抽象的点、线、面的构成形式语义、色彩语义与材料形式表现出来。这时所需注重的是应取其关键与内涵所在，而不仅仅是模仿其形态与样式。例如自 2013 年开始，APPLE 产品已经稳固地成为全球化商业和群体性流行趋势的头号恒星，如果要从其产品中提取流行元素，那么不应该仅仅参考与模仿其外观形态曲线，而是应该提炼其中的简约设计风格与设计理念。

其次，需要将已提炼的元素进行归纳，总结出自己所需要的内容，脱离元素来源的局限与束缚，发展形成自己独立个性的、符合当下时尚潮流的审美。可以采用元素的重新排列、元素的变形与抽象、元素的风格化、元素的联想等方式来进行归纳整合。

最后关键一步，就是需要将归纳而得的元素应用到构成设计中去。将所得到的抽象元素运用到二维、二维半以及三维的构成形态当中，形成一定的规律与美感，使之符合当代的、流行的审美趋势。这时需要对流行的美学具有辩证的看法，以及对构成有深入的理解。

在构成中，造型、色彩与材质都具有较强的时代特征，对于时尚与流行的应用需要遵循一定的规律。

从造型上来说，不同的时代具有截然不同的审美特征，造型语言的表现也具有不同的流行趋势。而近年来的设计，开始较多地运用阴影重叠、渐淡褪色、色彩渐变、简单几何、半透明重叠、多中心点、省略号对话框、文本框、阴阳正负形状、立体弯曲、条纹包裹、细线重复、双倍重复、翅膀、颜色分割等流行手法来表现作品（图2-156）。

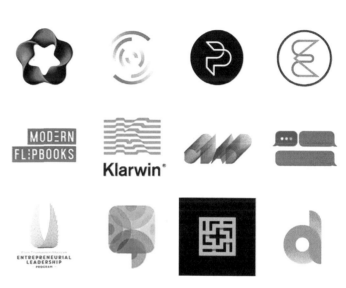

图 2-156 造型的流行趋势

从颜色上来说，每个时代甚至现在每年都有其标志性的颜色，或称为"流行色（fashioncolor）"，从之前的马卡龙色系、薄荷绿、静谧蓝、粉晶、珊瑚色、大地色系、姜黄、焦糖色等，到最近流行的紫外光色、大理菊色、水手蓝、金峰石褐、椰奶白等流行色，都具有很强的时代特色，适合应用于当下的设计构成中来体现时尚感（图2-157）。

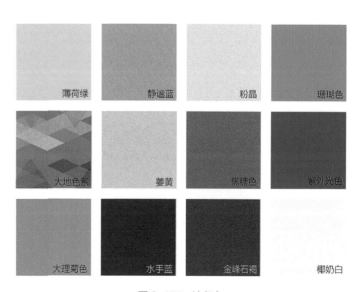

图 2-157 流行色

从材质上来说，材质的进步与科技的发展、时代的审美进步都具有很大的联系，材质的前卫性与时代特征也因而最为明显。材质分为材料与纹理。就材料而言，远古时期所用的构成材质多为石、木等原始材料，后出现了金属材质，近当代才出现玻璃、亚克力、不锈钢、水泥、橡胶、树脂等现代化材料。在设计构成中，使用现代化材料进行设计，能够增强设计的前卫性与时尚性，在材料上的创新，能够将朴素的形式语言转化为极具现代气息的设计。就纹理而言，其肌理感的体现也有浓重的时代气息。现代的材质肌理感有很多是在原有纹理上进行的创新，如金属拉丝、金属褶皱、绒面格块肌理、竹木热弯技术等，也有根据现代化材料而新诞生的肌理，如塑料的磨砂质感、玻璃热弯技术、3D打印的肌理感、水泥的粗糙面感等。材质的肌理表达与创新也能够将现代气息表现得淋漓尽致（图2-158）。

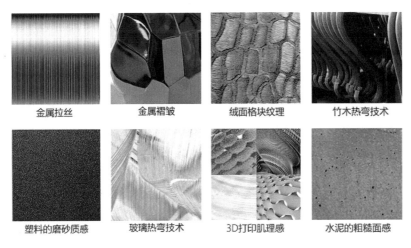

金属拉丝	金属褶皱	绒面格块纹理	竹木热弯技术
塑料的磨砂质感	玻璃热弯技术	3D打印肌理感	水泥的粗糙面感

图2-158 材质与肌理

3. 设计实践：以"一个什么样的我"为主题风格的时尚构成

《一个目标明确的我》，抽象的人物表现为前进的走路姿势，由简单的线条、几何形态以及色块组成具有方向性的图案，由大到小，由密到疏，有一定的聚集趋势，色彩选择灵感来源于指示标志和红绿灯（图2-159）。

图2-159 一个目标明确的我（作者：陈姝颖/指导：王丽）

图 2-160　一个五彩斑斓的我（作者：李书婷 / 指导：王丽）

《一个五彩斑斓的我》，自己无论是性格方面还是与人交往的方面都是比较多样的，对生活也是充满阳光的，而多样的颜色搭配正好可以组成一个五彩斑斓的我（图 2-160）。

冷漠　　　　　怒意　　　　　发呆

图 2-161　一个善感的我（作者：施颖洁 / 指导：王丽）

《一个善感的我》，各组方案构思是通过几何抽象元素的形态变化、色彩以及排列方式的不同来实现的，以此传达人物情感。冷漠，一丝不苟的线条；怒意，由疏至密的色圆；发呆，呆到飘散的色块（图 2-161）。

图 2-162　一个两面化的我（作者：吴珍珍 / 指导：王丽）

《一个两面化的我》，设计使用的是脸的轮廓，采用尖锐的三角形与圆滑的圆形几何多种形式堆叠，色彩分别使用橙色与蓝色、红色与绿色、黄色与紫色的鲜明对比来体现"两面性"（图 2-162）。

硬糖在跳舞　　　薯条在狂欢　　　坚果的盛宴
Hard candy is dancing　The fries in the Carnival　The nuts in the feast

图 2-163　一个爱吃的我（作者：高雅娜 / 指导：王丽）

《一个爱吃的我》，一个爱吃的我是什么样的？从三方面来展现：硬糖在跳舞、薯条在狂欢、坚果的盛宴。将食物归纳为几何图形，并以其动感来展现食用者的喜悦。最后图形外框的小下巴，十足展示了爱吃的"我"更是胖胖的"我"（图 2-163）。

《一个花哨的我》，图中 1 脸部用稍杂乱的颜色丰富的圈来修饰，身体用彩色而粗细不同的斜线条修饰，中间一条的不规则可以表现活跃。整体用颜色及线条显示花哨。图中 2 脸部用大小不同的圆表示双眼，身体用规则的正六边形随机填充不同色来修饰。整体用色块及线条显示花哨。图中 3 脸部用颜色、大小、角度不同的方块图案填充，内附小小银杏表现特色，身体用多种形状与颜色不同的图案填充，更显花哨。图中 4 脸部用花图修饰，身体用同种颜色的方格子色块填色，复杂与简单的对比。整体用颜色及花纹显现花哨（图 2-164）。

图 2-164 一个花哨的我（作者：胡玉叶/指导：王丽）

《一个有缺陷的我》，将自己的具体形态特征用抽象的点、线、面的形式表现出来，将微卷的头发用波浪线表现在轮廓与头顶部分；将小眼睛用点的形式来表现；将衣着特征简化为宽大的上身与细窄的下身。由于主题为"一个有缺陷的我"，因此用外轮廓的裂纹形态、填充图案的残缺形态与灰暗色调来表现"缺陷"与残缺美（图 2-165）。

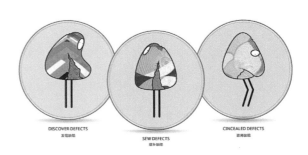

图 2-165 一个有缺陷的我（作者：徐浙青/指导：王丽）

《一个爱运动的我》，激情与冷静、睿智的色彩搭配，营造出活泼的色彩风格。排球、跑道、羽毛球是我生活中的点滴。具有一定的运动规律，这便是爱运动的"我"（图 2-166）。

图 2-166 一个爱运动的我（作者：曹甜/指导：王丽）

《一个咖啡精的我》，运用点、线、面这三种表现方式的结合，抽象地将"一个咖啡精的我"这一主题表现出来。斑斓的图案以咖啡拉花为原型，咖啡的滋味就像是波浪曲线，也像是形状各异的多边形，味道各有不同。为什么这个女孩如此热爱咖啡，一层一层探索下去，原来她的小小的心里种着一颗咖啡豆（图 2-167）。

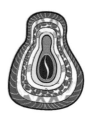

图 2-167 一个咖啡精的我（作者：李晓钦/指导：王丽）

《一个对话的我》，用暖色调色块进行大小组合来表达愤怒想得少说得多的我，同样用冷色调色块来表达冷静时想得很多却说得少的我；左边用凌乱的线条来表达自己说话语无伦次的感觉，相比之下右边的整齐的线条来表达井井有条的我；用大面积的深色加上一点点的白色线条或者色块来表达不爱说话的我，右边则用类似波浪的彩色线条组合来表达滔滔不绝的我（图2-168）。

《一个躺下的我》，提取"我"的外形轮廓，将简单的几何元素用不同的方式进行填充。心电图线条的排列象征着"生命"；五彩的图案层叠与脱离单调的轮廓形成对比，寓意"自由"；星星点点与纵横交错的线条互衬代表"思想"（图2-169）。

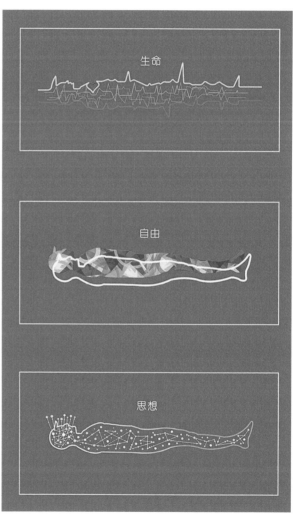

图2-168 一个对话的我（作者：李子健/指导：王丽）　　　　图2-169 一个躺下的我（作者：余天然/指导：王丽）

2.3.3 设计课题3 传统与构成美学

课题名称："新中式风格"美的形式构成实践

教学目的：结合传统文化，学习和理解构成的形式美，提高学生的审美意识。

作业要求：以"新中式风格"为主题，要求概括和提取传统文化元素中的相关内容，结合新形式的表达方式，以点、线、面为基本元素做系列化构成实践。元素、色彩、工具、材料不限，尺寸 A4 纸大小。

评价依据：（1）"新中式风格"提取的构成元素到位。

（2）所构成的形式与传统文化元素要结合。

（3）点线面元素及色彩表达体现传统东方美学。

（4）表现形式新颖，审美感强。

1. 案例分析

图 2-170 中的现代时钟以及图 2-171 中的椅子都运用了古典传统元素——窗格，采用新的肌理、新的元素组合方式等创造出了新的产品，体现了人们在构成上的传统审美，以及人们对于传统文化的再创造。图 2-172 中的创意折扇时钟的折扇元素，采用传统色彩中国红，在色彩的搭配上黑白红，极具传统审美，而外面一圈金属架构给整个构成增添了一丝现代感，将折扇打开与时钟的时针走圈进行再构成，线与面的构成在现代化的产品上充分地体现了传统审美。图 2-173 中的收纳设计，灵感来源于中国传统灯笼的设计，以灯笼的褶皱构成为基础，进行再设计，而灯笼的褶皱刚好赋予了收纳折叠的功能，同时赋予了新的肌理，在色彩搭配上使用了米白和原木色，整个构成呈现简约却又不失文化内涵的韵味。

图 2-170　时钟　　　　　　　　　　　　　　　　图 2-171　椅子

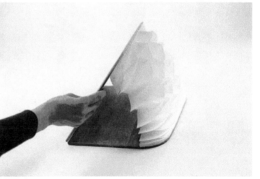

图 2-172　创意折扇时钟　　　　　　　　　　　　图 2-173　收纳

图 2-174 路灯中的景观路灯，运用了中国结中的传统色彩"中国红"，由于中国结从头到尾都是用一根丝线编结而成的，故而路灯中也贯彻了中国结中的"从一而终"。在形的构成上，将丝线的柔软部分硬朗化，承袭了中国结的对称美学；在材质上采用金属，将其再构成，体现了深厚的中国传统文化底蕴。图 2-175 中的书架两仪为原型，对其进行再设计，书架提取了八卦图的轮廓元素，保留两仪本身的黑白色彩，将功能与形进行结合，是典型的中国审美前提下的再构成。

2. 知识点：传统与构成美学

在形态构成审美中，我们应该注重传统文化美学在审美体系中的培养。许洋洋以一种鲜明的态度表示出对传统文化流失的惋惜，令我们动容。如同他在《丢失的民间文化》中写下的："当人人都去关注最前沿的时尚，后世的青年们都以范儿自居张扬个性的时候，民间那独特的、活泼的、令人肃然起敬的灿烂文化却在消失。不是因为别的，不是因为美国大兵的干涉，不是因为日本文化的侵略，而是我们自己。国人无人继承，国内无人关心，等于中国民间文化的自杀。"如何在我们的设计中展示对传统文化的思考，需从基础开始关注，只有敏锐地保持对传统文化的思考，才有可能追求对传统文化元素的重新组合和改造，使其焕发出时代的审美光彩。也使设计表达不仅仅是形式的，也是精神的。

传统经典图形的设计是基于千百年人类对自然的追寻与归纳。如中国古代太极图案表明了一种阴阳对立的统一体，古人认为它是派生天地万物的根源，这个图案的旋转图式产生永不停息的动感，是孕育生命的吉祥符号，于是民间产生了不少旋转类的图示结构，比如优美的鹦鹉螺、旋转扭曲的羊角、盘旋而生的藤蔓、银河系的旋转运动轨道等螺旋结构，这些都是构成的基本形。而在中国古代窗格的构成形式中，很多都是通过对称动态旋转，并经过方块汉字的规范处理生成新的形态。这种构成表现形式称之为基本形异化，这种基本形异化的创造观念来源于生活又高于生活（图2-176）。

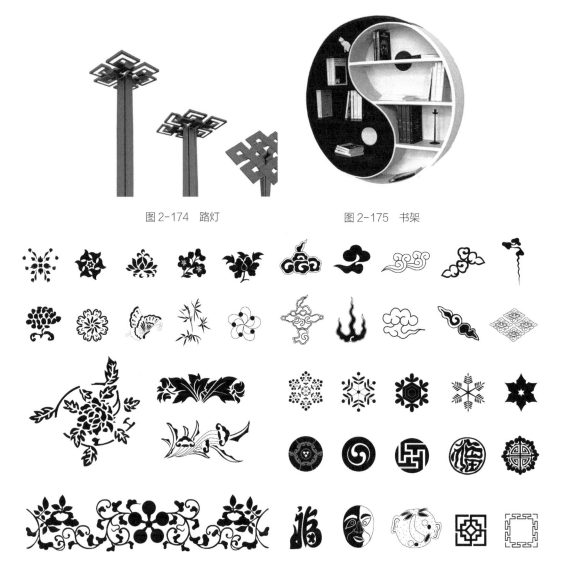

图2-174 路灯　　　　　　　　　图2-175 书架

图2-176 传统元素节选

　　中国的传统色彩文化是中国传统文化的重要组成部分。中华民族是世界上最早懂得使用色彩的民族之一，很早就确立了色彩结构，以黄、青、赤、黑、白五色为正色，与五行中的土、木、火、水、金相联系，把中国人关于自然宇宙、伦理、哲学等多种观念融入色彩中，形成独树一帜的中国色彩文化。中国传统色彩是各个时期的政治、经济、社会生活、民俗风情，以及思想观念和审美情趣的反映，内涵丰富，应用范围极其广泛。中国的建筑、服饰、绘画、雕刻、瓷器、漆器、剪纸等传统文化的方方面面，都离不开色彩的装饰（图2-177～图2-179）。

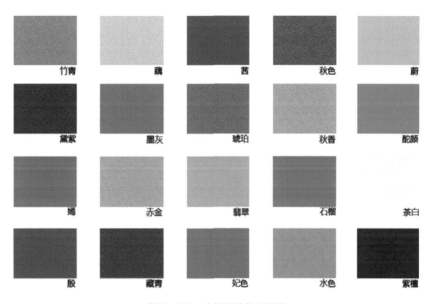

图2-177　中国传统色彩节选

图2-178　中国古建筑——斗栱色彩

图2-179　传统纹样色彩

　　传统艺术造型元素作为构成中国传统文化的重要组成部分，其发展是一个连续体，从不同历史阶段的造型所表现的共同特性来看，中国传统艺术造型元素始终保持着传承性。这种传承是一个衍生发展的过程，主要体现在"形"、"意"、"神"三个方面。而这种传承不仅仅是在元素上的变化，还在组合、排列上的再设计上有了新的突破，还仍然能保留了传统的底蕴。这就形成了以传统文化为基础的现代构成艺术。

传统文化与构成的关系

　　世界上每个民族都有自己对生活、对艺术的认识，"各个民族的装饰艺术都表现了人类具有喜爱节律性秩序的心理倾向"。同样，中华民族传统审美观是人们在长期的劳动过程中形成的对于自然和社会有关美的认识，如何将民族传统审美观贯彻于设计学基础课程教学的始终，以我国传统有关艺术学习的重要途径"师法自然"为思想基础，强调教学的"民族性"、"地域性"、"创造性"的原则，启发学生在生活中发现美的因素，并将民族传统审美观应用于设计是本章节的核心。而构成在当代中国的设计中已经成为一种习惯，并渗入到视觉营造的各个层面，为了提高人们对设计元素（基本形、肌理、重复、近似、密集、对比、色彩等）的审美水平，以及运用设计元素创造出富有个性的作品，我们尝试用传统文化的视角来解读形态构成元素的审美内涵。

　　在传统文化中，我们会发现有很多传统元素其实可以很时尚、很现代，只要经过合适的构成，元素就不再是单一的元素，而是一个新的图案甚至是产品，而这种合适的构成，不仅是单一的元素重复，还是元素的再排列，一种元素可以排列出无限的不同的图案，甚至是不同风格的产品，当然还可以是多种元素的再构成。

　　在多种元素的基础下，所构成的新设计必然是丰富多彩的，但是多种元素的构成也是比较困难的，很容易远离本来想要设计的方向，元素越多，排列方式也就越繁复，这就需要我们去思考其最合适的构成方式来达到传统审美的目的。

　　构成简而言之就是点、线、面之间元素的重新排列方式以及材料上的塑造。在传统文化的基础上，将点、线、面的元素进行构成，主要分为形态、材料、色彩三个方面。形态上的构成，是我们学习的重点，我们在找寻传统元素来进行再构成时，很多时候是在原有的元素造型基础上进行的构成，而中国传统审美在造型上有独特的规律。举个例子——"对称"，中国传统文化偏向于成双成对的对称美，古代的门一定是两开式的，中国结是对称的，两仪是对称的，对联一定是对称的等。尤其在建筑上，中国特有的对称美体现得淋漓尽致。在材料上，中国传统文化的肌理有丝绸、云纹、砖瓦、剪纸、水墨、陶瓷等。在进行形态构成时，即使元素的排列方式不变，改变肌理，也会产生不同的视觉效果，比如在灯罩的肌理上采用陶瓷和剪纸，必然是不同的效果。色彩方面，在保证呈现的视觉效果不错的情况下，可以保留元素原本的传统色彩或者将数种传统色彩进行重组搭配（图2-180~图2-187）。

图 2-180　云纹肌理

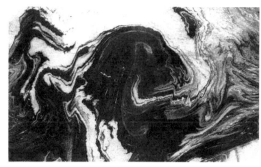

图 2-181　墨韵肌理

图 2-182　传统肌理（粗砂）

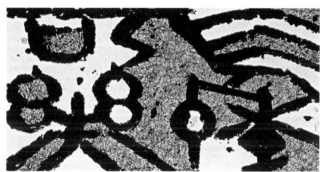

图 2-183　中国书法美学肌理（作者：卢凤才）

图 2-184　太极两仪沙发

图 2-185　米兰世博会中国馆

图 2-186　传统风家居设计

图 2-187　文澜阁

3. 设计实践：以新中式为主题风格的传统构成

该课题中"新中式"是指中国传统文化意义在当前时代背景下的新的演绎，可以理解为"中国当代的传统文化表现"，其反映的是当代文化与传统文化的关系。但这里的"表现"是在二维状态下的一种构成形态，用点、线、面这些构成的元素来表现传统文化。通俗地理解为：传统的元素用现代的新的方式来演绎。如图 2-188，宫灯为典型的中国传统元素，通过分解重组后，表现为一组时尚的服饰。如图 2-189、图 2-190，将传统花卉纹样、云纹、宫装、瓷器、篆刻、古建筑等这些传统文化元素进行了抽象的创意构成，使其有了时代的审美特色。尽管这些作品并不是非常完美，但我们仍然鼓励和赞赏这样的积极尝试。本课题的目的是通过这系列的训练，让学生自主地去关注和了解中国的传统文化、民族文化。从长远看，这一点意义尤为重大，以期能够为中国未来的设计更具有民族文化特质而做一些努力。

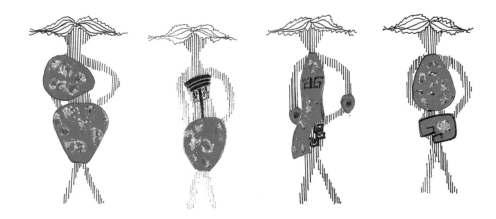

图 2-188　新中式构成——宫灯系列（作者：徐晶／指导：王丽）

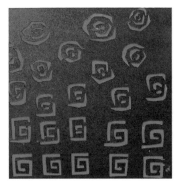

图 2-189　新中式构成（作者：李娜／指导：王丽）

图 2-190　新中式构成（作者：陶颖 / 指导：王丽）

爱因斯坦说过一句话："想象力比知识更重要。"想要拥有独特的想象力，最根本的还是独特的审美思想。在形态构成的各类课题训练中，让学生们的想象力释放出来，不要担心它会溢出思维的界线，而是忧虑想象的浅薄，从而追求更为多样的审美表达。对于工科类学生的教学，仅仅注重对基础能力的培养是远远不够的，更重要的是，要注重对像艺术类学生那样所特有的审美感受、感知能力的培养。

在形式·美感这一章节的课程中，是专门针对审美能力的训练，先对构成的造型法则、对美的形式有理论的认知，同时结合传统与时尚，然后借助于课题训练来强化。在课堂中教师需要给学生指导一个明确的方向，首先，审美意识的形成是一个学习的过程，也是一种人文素养的积累，包括对传统文化和流行时尚的积累。认识美、欣赏美，是一个循序渐进的学习过程，形式与途径多种多样，需要靠自己的努力来提高，并非一朝一夕能达到一个高度的，它是一个长久坚持的过程。其次，生活变化、工业发展、科学进步引起时代的审美观的变化，同时由于地区和民族的差异，社会环境的差异，生活经验的差异，也会出现不一样的审美标准，因此审美观念、艺术情趣、文化素质、思想修养以及生活体验，无处不体现着其审美能力的培养。这是"人生处处皆风景，处处留心皆学问"之道。

在教学中，我们要为学生搭建符合设计美学的、对抽象视觉形式的判断体系，通过课题案例引导学生。这些内容不同于一般的知识传达，而是需要学生在一次次作业一次次讲评中慢慢积累，这个过程很慢，有时几乎没有进展，但一旦学生在老师的帮助下提炼出辨别形态造型美感的能力，那么这种能力会融入到学生的骨髓里的，他们永远都不会失去这种能力，这正是"形式·美感"教学的基础所在。

2.4 设计构成应用篇［构成·设计］

设计课题：设计实验之构成造型语言的设计转化

课题名称："一个什么样的我"构成设计转化

教学目的：学习如何从构成到设计的转化，做好基础课到专业课的
衔接，更深入地理解学习构成的意义。

作业要求：以"一个什么样的我"主题构成作品为基础，分别进行
平面转化、材料转化和功能转化；要求用计算机辅助工
具建模实现。材料转化可用手工制作。

评价依据：（1）"一个什么样的我"主题构成的二维造型元素有一定
拓展可能性。

（2）平面转化要求元素运用得当，平面应用有系列整体
美感。

（3）材料转化要求材料选择恰当，色彩、材质与形态的
关系结合紧密。

（4）功能转化是构成到产品的转化，要求功能合理，有
产品创新感和艺术感。

1. 案例解析

前期课题中选择蒙德里安的"风格化苹果"与形式美感中的"花语"构成,进行从二维到三维的转化,柜子、台灯、挂饰融入功能后的产品,经过计算机建模制作后,得出具有实验性的设计体验(图2-191)。

图2-191 通过计算机建模实现的实践课题(作者:2011级工业设计专业学生/指导:王丽)

2. 知识点:从构成到设计的造型语言转化

形态构成在经过了一系列二维与三维的设计表现后,已经被创作出了数量可观的新颖组合形式及外观,这些形态表现的成果不仅为未来的设计造型提供了思路,甚至有的表现方案已经具备了优秀设计的雏形,稍作改良便可直接转化为设计产品,因此为了延续对素材形态的开发,做好形态表现向设计的延展与衔接,课程在最后设立了构成形态应用篇的课题:从构成到设计的造型语言转化。摆脱成本、工艺、材料等现实条件的束缚,提出或制作出具有实验性的、模拟性的、创新性的设计方案或实物模型。此课题的价值与意义在于,课题的实施可使我们较完整地体验理想模式下的设计造型过程,这有助于培养产品设计师建立科学理性的思维模式与程序。另一方面,由于产品设计的工艺、技术、理论等相关专业知识尚未学习,就直接逾越这些现实环节进行诸如文创用品、家居用品、饰品、家电等产品的设计,因而能激发对今后专业课程学习的持久热情。

从构成的形态语言到设计的转化

产品造型的形式美,主要是靠视觉感受到的形态来表现产品特征的,形态是形的不同状态。在设计造型的语言中,最基本要素就是点、线、面、体,这与构成中的基本元素是一致的。通过构成的基本元素组合成丰富多彩的各种形体。点的造型语言在产品造型上可表现为面积或体量较小的形状,如产品上的按钮、开关、指示灯、拉手等,处理好点的设计,可以起到画龙点睛的作用。点的移动展开构成了线,线在产品造型中占有十分重要的位置,产品的轮廓线、结构线、装饰线等都是明确的造型语言,线条的粗细、长短、曲直、刚柔都是设计语言特征。构成中的面可以展开出不同的形,圆形、三角形、方形是最基本的形,每一种形所表达的特征在产品造型中同样适用。体是由点、线、面包围所构成的三度空间的形体。形体更是表现产品造型最重要的语言要素,不同形式的形体给人以不同的感觉,具有不同的性格表现特征,从而构成千变万化的形态。这些构成的形态语言的具体性、感观性和生动性,转化为设计语言,更能丰富产品造型的表现力。

从构成的材料语言到设计的转化

点材具有活泼、跳跃的感觉。线材具有长度和方向,在空间能产生轻盈、锐利和运动感。由于线材与线材之间的空隙所产生的空间虚实对比关系,可以形成空间的节奏感和流动感,因此给人以轻快、通透、紧张的感觉。面材的表面有扩展感、充实感，侧面有轻快感、空间感。块材是具有长、宽、高三维空间的实体，它具有连续的表面，能表现出很强的量感，给人以厚重、稳定的感觉。因此，同一材料的不同形态的表现会产生风格迥异的效果，以线材表现轻巧空灵，以块材表现厚重有力，以面材表现单纯舒展。点、线、面和体，它们之间的关系是相对的，当超过一定的限度时，就会改变原有的形态。如点材朝一个方向延续排列便形成线材，线材平行排列可形成面材，面材超过一定厚度又形成块材，块材向一定方向延续又变成线材。因此，构成材料语言的转化，除了从设计需求的目的出发考虑并选择正确的材料形态，也要把握材料变化的尺度，从而更贴切地转化为设计语言。

从构成的色彩语言到设计的转化

构成中色彩语言是表达产品造型美感的一种很重要的手段，色彩运用恰当，常常能起到丰富产品造型和突出功能的作用，同时色彩还能表达出产品的不同性格特征和气氛，传递不同色彩给人不同视觉感受的信息。从构成的色彩语言到设计的转化主要是从色彩特征到色彩联想再到色彩应用的体现。每种色彩都有自身的特征，它是人们生活经验的积累反应，能让人产生许多联想，这些联想都隐藏着一种特有的情感语言。如正面的红色象征激情、热烈、温暖；负面的红色象征危险、流血等，色彩能打动人的心灵情感，使人具有冷暖、明暗、轻重、软硬感，这些色彩感受的差异性，转化到产品造型语言的应用上也是如此。

如图 2-192，Grado 品牌的手绘椅，灵感来源于设计师的手绘，设计亮点在于整齐而有灵性、交接却不凌乱的排线。将线条的美感从二维的平面置入三维的空间，将平面的趣味以家具的方式呈现出来。材质采用了圆钢用来表达线条，利用圆钢线的弯折、连接来实现椅子的承重以及对设计概念的实现。产品采用全线条的元素，在空间中显得轻盈明快。

图 2-192　Sketch Chair 手绘椅（Grado 家居品牌）

如图 2-193，Bend Chair 折纸椅，灵感来源于童年时期的折纸飞机，结合钻石的造型并提取了切割块面的元素，采用了环保健康的静电粉末多色喷涂技术，实现了每种色彩所体现的产品特征与情感都不一样的效果。作为成熟的商业产品，用多种颜色打破沉静对于公共场所来说无疑是个明智的选择。

图 2-193　Bend Chair 折纸椅（Grado 家居品牌）

建筑师系列收纳盘提取了建筑中房屋几何造型为设计元素，极简的块面结合，三种不同尺寸和颜色，可以将他们组成各种形状，独到的金属漆色彩搭配与空间相融合带来了视觉上舒适的体验，个性而不失生动有趣，传达出对生活独特的态度。产品从设计上完成了从构成几何形态到产品设计的转化（图2-194）。

图2-194　ARCHI PLATE（Grado家居品牌）

　　一件优秀的产品是科学、技术、艺术三者完美结合的综合体。产品的造型设计，不是单纯地追求形式美，而是通过产品不同的造型语言，综合、生动、合理地表达产品的科学、技术、艺术的完美性。从产品造型语言的表达中，可以显而易见地看到产品造型中的形态、材料、色彩等语言要素在产品设计运用中的重要性。产品离不开自身造型语言的表达，而造型语言可以通过形态构成的训练变得更加丰富和完善，这些产品的造型语言通过产品传递给消费者本身的信息特征，不同的形态和结构决定于材料的不同运用，而不同的材料又影响着产品外在的造型因素，功能的要求及材料结构的不同导致了形体的多样性，而不同的色彩运用又对形体功能及材料特性带来生理和心理上的多变性。产品这些独特的造型语言同构成元素一样，不是孤立存在的，而是相互作用和相互并存的，它们之间有着密切的联系，互相依赖，又互相渗透。从构成到设计转化的重要手段，是在于有意识地将不同的造型语言因素有机地结合，形成完美的整体，只有科学地合理运用各种不同的造型语言要素，才能设计创造出技术与艺术完美结合的优秀产品，才能引起消费者的共鸣。

3. 设计实践："一个什么样的我"从构成到设计的转化

　　构成形态：见2.3.2设计课题2，《一个目标明确的我》（图2-159）。

　　平面转化：一日一计划，目标更靠近。提取图形化表现中抽象人物身体的图形，进行重新组合排列，选择目标的英文单词GOAL作为LOGO，以线条为基本要素，进行LOGO的设计。图形结合LOGO成为笔记本封皮以及笔盒的装饰图案，整体设计形式多样且风格统一，具有系列感。

　　材料转化：选择毛线为主要材料，通过立体绣的方法，结合多种不同的绣法进行图形的材料表现。毛线的肌理感特征明显，带给人们柔软的触觉和温暖的心理感受。

　　产品转化：GOAL系列皮质笔袋设计，将平面图形人物的身体立体化，变为几何造型的笔袋主体，头部为拉链头，两条腿作装饰，具有趣味性。二维转变为三维的设计手法，增加了产品的可塑性和多变性（图2-195）。

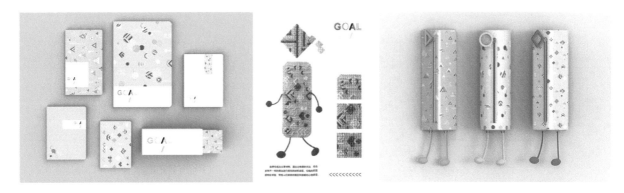

图 2-195　一个目标明确的我（设计者：陈姝颖 / 指导：王丽）

图 2-196　一个爱运动的我（设计者：曹甜 / 指导：王丽）

构成形态：见 2.3.2 设计课题 2，《一个爱运动的我》（图 2-166）。

平面转化：把 "A. SPORTS" 作为产品品牌，融入爱运动图标，在产品外包装上的设计独具特色。

材料转化：手机指环支架从外观上致力于打造小巧精致、轻薄平稳以及美观耐看的巧妙设计。材料的运用亮点主要体现在竹丝扣的设计上，将染过色并处理后的竹片附于指环表面，极具艺术特色。

产品转化：消毒口杯的设计灵感来自于一个爱打羽毛球的我，整体造型取自羽毛球的头部，色调仍保持激情活泼的红蓝色，整体简洁又不失质感，精细而优雅（图 2-196）。

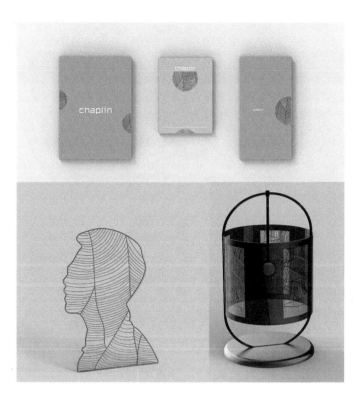

图2-197 一个对话的我（设计者：李子健/指导：王丽）

构成形态：见2.3.2设计课题2，《一个对话的我》（图2-168）。

平面转化：提取一个"心思缜密的我"中整齐的曲线来组成一个圆，再利用不同缺陷的圆来构成一个小平面，用来作为书本或是外壳的包装设计。

材料转化：这是一个墙饰工艺品，为了将其中"心思缜密的我"的线条感体现出来，整体用不同粗细的磨砂金属弯曲制作而成，表面可以附着不同颜色可适应不同颜色的背景墙，极具现代感，大方又简约。

产品转化：用磨砂金属作为氛围灯的支柱，体现一种简单现代的感觉，再融合"心思缜密的我"的曲线提取，在半透明玻璃灯罩上加上由弯曲曲线组成的小面积镂空，让灯光若隐若现，营造出一种神秘的氛围（图2-197）。

构成形态：见2.3.2设计课题2，《一个躺下的我》（图2-169）。

平面转化：将靠枕和两个关于"躺下的我"的平面图形设计相结合，启示人们不忘记最初梦想，不放弃自己的思想。

材料转化：平静自己，抬头仰望星空，我们会感叹世界的奇妙，也会思绪万千。无数个想法在头脑里发散，无数个创意在身体里闪光，又有无数个方向等自己选择。将"躺下的我"中"思想"用木与铁来表达，人形的外轮廓在板上表现为凹槽，点用木棍插在板上代替，铁条错落穿插在木棍之间。从正上方看还原了图案的本来面貌，同时又将图案立体化了。

产品转化：以金属为灯具框材，单纯以点和线进行造型设计，外形抽象，寓意思路的辗转和想法的形成（图2-198）。

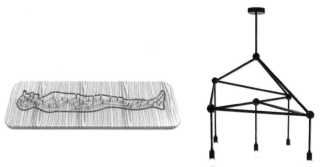

图2-198 一个躺下的我（设计者：余天然/指导：王丽）

构成形态：《一个偶尔很丧的我》，"丧"是日常内心停滞的状态，"不听""不看""不说"是我"丧"时的表现。三个图案用灰色系的点线面元素表现灰暗的心情，用吊诡的颜色表现遮住耳口目后的吊诡感受。

平面转化：生活中的我们有时如同一个盖上盖子的瓶子，既封闭了自己，也阻隔了与外界的交流，"三不"杯就象征着我们的三个表现。纯白的瓶身与鲜艳的图案形成强烈的对比，带给人更强烈的视觉冲击。

材料转化：用几种材质的不同组合来重构三个基础图案，其特有的肌理感，如不同石材的组成、波浪纹路、金属的磨砂感等，加上颜色的相辅相成，使"三不"的呈现更能让人心生感触。

产品转化：这一款"三不"回形针灵感来源于基础图案本身缠绕的线条。用冷质感的金属表现"三不"的"丧"本质恰到好处（图 2-199）。

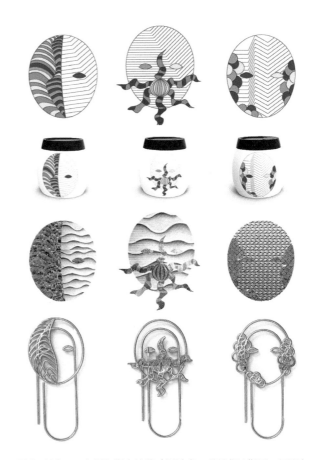

图 2-199　一个偶尔很丧的我（设计者：徐婷娟 / 指导：王丽）

构成形态：《一条年轻的咸鱼》，整体造型使用了时下流行的咸鱼表情包造型，意指身为年轻人的我的一种咸鱼世界观。图案使用了类似水波、水浪的纹理，搭配明度、纯度较高的颜色，意在表达"年轻"。虽然造型纹理均不相同，但通过使用相同的元素——细线，使三个造型和谐统一，从而传达了"什么样的'我'"这一主题。

平面转化：该款手机壳专为 iPhone 浅色系设计，底色为白色，与手机前面板相搭配。图案为三条造型迥异的鱼，由各种波浪纹理填充，以清新的浅蓝、浅绿配色，给人如海风吹拂的清新之感。

材料转化：该设计由木板雕刻而成的鱼身与布纹背景相构成，木鱼与外框呼应，富于趣味。

产品转化：盘身外廓设计采用鱼形简化而成，中部则是镂空纹理，用于沥水，美观大方。颜色采用湖蓝、草绿和灰白，易与现代厨房的装修色彩搭配（图 2-200）。

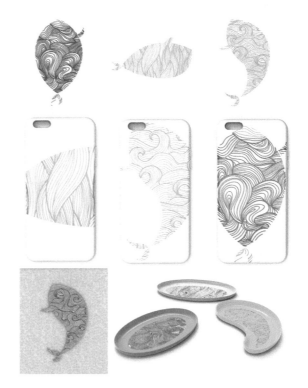

图 2-200　一条年轻的咸鱼（设计者：朱明杰 / 指导：王丽）

构成形态：见 2.3.2 设计课题 2，《一个爱吃的我》（图 2-163 ）。

平面转化：以"吃货——坚果的盛宴"为主题进行图案设计，最后形成便利贴、笔记本、书籍、文具盒一套系列产品。

材料转化：吃货你我他，"瘦高的你"采用了金属片、布料、麻绳、镜子等材料；"炸毛的我"采用了铁丝、陶瓷、玻璃、宝石等材料；"敦实的他"采用了木料、灯管、丝绸、石料等材料。

产品转化：童趣·儿童沙发，内外均为布料，造型可爱、色彩丰富、柔软舒适，可以将沙发摆正坐在其中，也可将沙发平放，成为一个儿童的小型玩具屋（图 2-201 ）。

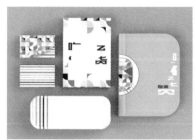

图 2-201 一个爱吃的我（设计者：高雅娜 / 指导：王丽）

图 2-202 一个两面化的我（设计者：吴珍珍 / 指导：王丽）

构成形态：见 2.3.2 设计课题 2，《一个两面化的我》（图 2-162 ）。

平面转化：采用"两面化的我"的元素设计书签和杯子。有以暖色系和冷色系的两个半张脸图案为一套的产品，也有直接合并图案为一套的产品，还有直接以整体为元素的产品，简洁的几何元素和鲜艳的色彩对比使书签和杯子的造型充满现代感。

材料转化：采用"两面化的我"的元素设计的装饰画。采用各色的纸板制作出大小不同的空心三棱柱和圆柱并套叠，从侧面看各个高低起伏，充满韵律感。

产品转化：这是一款铁艺墙面置物架，由不同平面的三角形构成一个立体的置物架。暖色系与冷色系的两部分形成了鲜明的对比。造型简洁轻巧，可以给无趣的墙面增添一抹色彩与活力（图 2-202 ）。

构成形态：见 2.3.2 设计课题 2，《一个善感的我》（图 2-161）。

平面转化：以"三个我"中几何为方向，名片正反都采用了相应的几何为装饰，名片纸独特的质感以及大气的金字，体现的是极简风格，使人一目了然。

材料转化：该装饰画选用铁片作为设计材料，原轮廓表达的是发呆的飘逸感，加上了铁片作为元素，使铁片无规则的立体摆放，给整个画面增添了冷漠的气息，凸显了人物的性格特征。

功能转化："禅意"香插运用"三个我"里面的几何元素，设计出新的造型，材料使用了火烧石，体现斑驳凹凸感，在禅意中融合极简的北欧风格，展示了新生（图 2-203）。

构成形态：《一个向往自由的我》，为了表现"自由"这个主题，用自由女神像的形象剪影作为外部形状，再用自由飞舞的三角形色块、美国国旗的条纹颜色等填入。

平面转化：将自由女神像的形象做成扇子的骨架，随着扇子的打开形状逐渐呈现出来，并从四幅"向往自由的我"图形化表现中提取元素来装饰扇面。

材料转化：从第二幅构成形态中提取了由六个不同颜色的三角形组成的六边形作为元素，以立体几何花瓶的形式呈现出来，先用卡纸制作出花瓶的模型，再在卡纸上面铺满有颜色的沙子，形成粗糙、凹凸不平又晶莹剔透的质感。

功能转化：该时钟设计旨在辅助计划更好地执行，可以把自己的计划写在便条上并固定在钟的手上，就像私人秘书一样提醒你什么时候该做什么（图 2-204）。

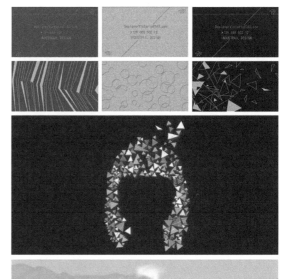

图 2-203 一个善感的我（设计者：施颖洁 / 指导：王丽）

图 2-204 一个向往自由的我（设计者：姜铭棋 / 指导：王丽）

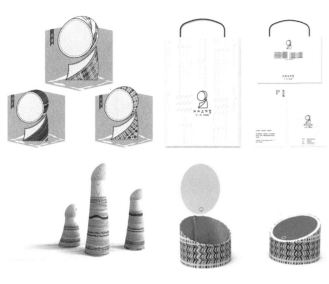

图2-205 心中住着一台缝纫机的我（设计者：洪米雪 / 指导：王丽）

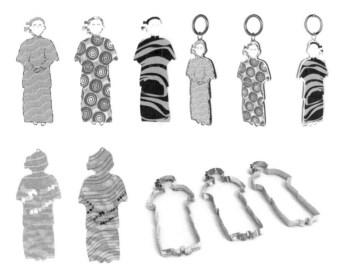

图2-206 一个来自山西的我（设计者：张石琴 / 指导：王丽）

构成形态：《心中住着一台缝纫机的我》，服装设计蕴含着丰富的表现技法，通过对褶皱、剪贴、印染、搓合这四种技法元素的提取，将其几何化，用线条表示，成为图形的装饰元素。

平面转化：该系列名片与手提袋的设计，将原本图形中的装饰线条扩大化，使其成为背景。整体采用了灰色，使版面干净、和谐。

材料转化：材质上使用了白桦木和毛线，将毛线按装饰线条的路径缠绕于木摆件之上，其色调搭配清新、舒适。

功能转化：化妆镜设计，塑料为主体材料，在其表面，印有装饰图案。具有收纳、灯光、高清镜面功能，活动支架可使镜面展开、关闭，同时可调整角度，使用更加方便舒适（图2-205）。

构成形态：《一个来自山西的我》，从前，山西有晋商，有乔家大院，有温婉大气的女子。现在的山西，依然有各种各样的面食，有像黄河一样有气势又漂亮的汾河，有醉人的汾酒，有陈年的醇香的醋。

平面转化：以透明亚克力为材质，中间夹层有双面镜像的"我"的造型，连接金属钥匙扣，结实耐用，无论是送人还是自用，都是一款既美观又有意义的纪念品。

材料转化：以"我"的外形为轮廓，以黄铜为材质设计了书签，书签的表面形态以二维半的表现形式呈现，仿生黄土高原的地貌造型。

产品转化：以"我"的轮廓为形，设计了适用于烤箱的饼干模具，涂饰无毒无害的纹饰，烘焙出女子形状的"我"，为烘焙小饼干增加乐趣（图2-206）。

构成形态：见 2.3.2 设计课题 2，《一个花哨的我》（图 2-164）。

平面转化：设计灵感来源于"一个花哨的我"的设计排版，利用"四个我"身体的外形及内部的填充图案，并将腿改造成把手做成四款儿童扇子，颜色灿烂，比较符合儿童审美。

材料转化：设计灵感来源于"一个花哨的我"设计排版中的第二个我，用有色软陶泥块堆叠制作成一个花哨的多肉栽盆。因为多肉的颜色往往不太丰富，配上这个多彩的栽盆就别具一格了。

产品转化：设计灵感来源于"一个花哨的我"的设计排版，可爱的外形加上活跃的颜色和图案，附和着缤纷的水果，做成水果又非常有趣（图 2-207）。

构成形态：见 2.3.2 设计课题 2，《一个有缺陷的我》（图 2-165）。

平面转化：该系列手机壳设计的图案在原图的基础上保留了外形轮廓与内部填充图案，将原有的裂纹几何化，转化为平直的线条，摒弃多余的细节元素，体现整体的简约美感，使三个独立作品具有关联性、系列性与整体性，彰显变与不变、取与舍的规律。

材料转化：材质上使用了黄铜、水泥、大理石与光滑白瓷，采用黄铜掐丝工艺，取其材质相拼接的对比与融合质感，用水泥部分的灰暗色泽与粗糙的缺失感来表现残缺，且脸部以黄铜为界呈镂空状。

产品转化：花瓶设计，材质由陶瓷、大理石、水泥与有色金属拼接，腿部为麻绳，嵌于瓶身。保留原图的大致外形轮廓与内部图案，将脸部变为花瓶的开口处。材质上同样采用水泥来表现残缺感，并采用刚柔结合的材质与纹理来表现整体的拼接质感（图 2-208）。

图 2-207 一个花哨的我（设计者：胡玉叶/指导：王丽）

图 2-208 一个有缺陷的我（设计者：徐浙青/指导：王丽）

　　从构成到设计的造型语言转化，是将构成元素用设计的语言表达出来，通俗地说就是将点、线、面转化成具体的二维、二维半或是三维的设计作品。其难点与重点在于如何将抽象的构成元素具体地表现为产品特征，因为设计的造型语言并不是点、线、面的简单组合，而是需要将已陈列出来的构成元素按照一定的规律、结构、内涵条件等有机结合，能够体现其内在的丰富涵义与精神态势。

　　构成是设计的基础，所有设计都由最初的点、线、面的想法演变而成，有一个好的构成想法非常重要。然而更为重要的是表达，这是以深入剖析与透彻诠释为基础的表现。首先，需要对自己的构成元素与所要表现的造型语言即产品有深入的了解与透彻的分析，把握重点与关键精髓，才不会在接下来的步骤中有失偏颇，避免出现与计划背道而驰的情况；其次，需要用发散性思维对构成与造型对象进行发想，在不断探索中找到两者之间的关联与共性，从而建立起将构成元素表达为设计语言的桥梁；再次，以两者之间的关联为切入点，尝试将抽象的点、线、面构成元素转化为具体的产品形态，找准方向后构建起整体的完整框架；最后，在已构筑的整体框架中填充细节部分，提出多种方案计划，对细节构造进行反复推敲与琢磨，才能确定最合适、最优秀的方案。需要在多次锻炼与实践中积极探索，最后才能总结出最适合自己的、最具效率的方法。

03

第 3 章　课程资源导航

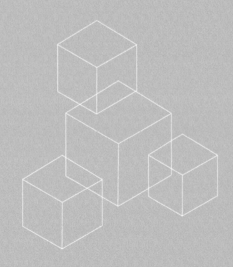

第3章　课程资源导航

3.1　从二维构成到产品设计课程作业（图3-1～图3-15）

图 3-1　苹果的二维构成（作者：2016级工业设计专业学生）

图 3-2　苹果钟（汪婷整理）　　　　　　　图 3-3　水果盘（汪婷整理）

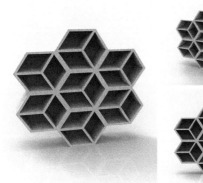 

图 3-4　苹果收纳柜（李晓惠整理）　　　　图 3-5　苹果钟（李晓惠整理）

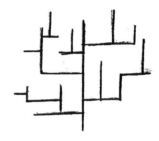

图 3-6　树的二维构成（作者：2016 级工业设计专业学生）

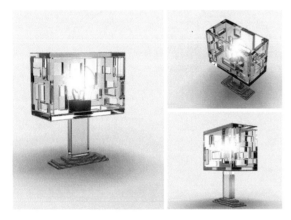

图 3-7　树形灯（王雯黎整理）

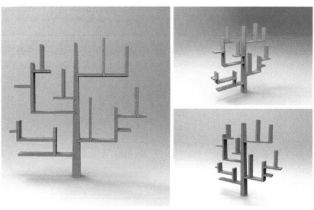

图 3-8　树形书架（王雯黎整理）

图 3-9　树形杯架（陈姝颖整理）

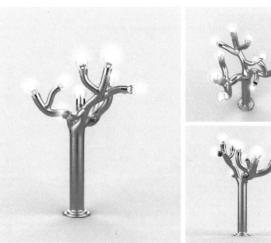

图 3-10　树形灯（陈姝颖整理）

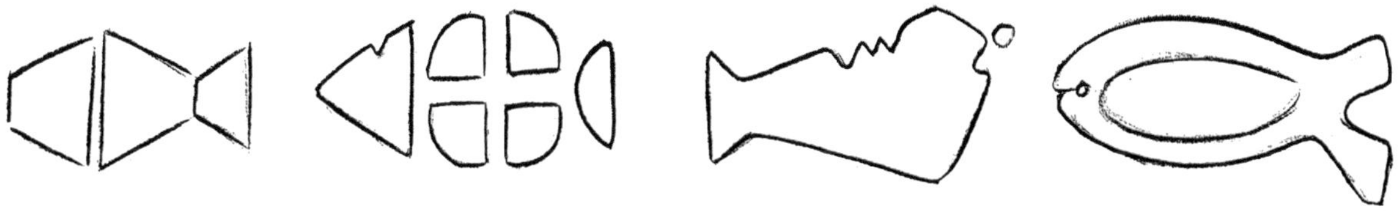

图 3-11 鱼的二维构成（作者：2016级工业设计专业学生）

图 3-12 鱼形调味罐（滕灵豪整理）　　　　　　图 3-13 鱼形餐盘（滕灵豪整理）

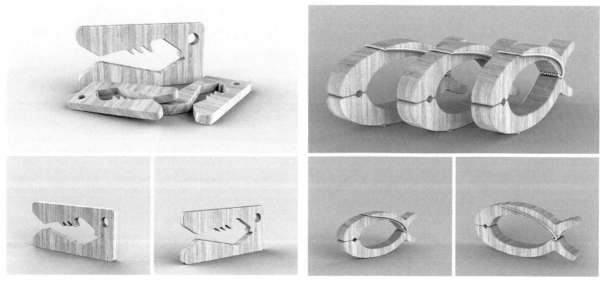

图 3-14 鱼形线收纳（李磊整理）　　　　　　图 3-15 鱼形夹子（李磊整理）

3.2 产品设计案例赏析

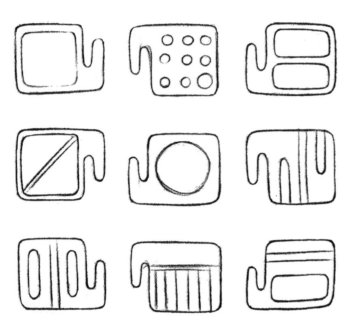

图 3-16 "鱼跃"二维构成

图 3-17 "鱼跃"系列四件套办公桌面收纳
（品牌 SAY·WOOD/ 设计：王丽、陈杭君）

形态构成最终目的是设计，从构思到产品设计是一个思考分析与发展的过程，是学会产品造型的一种方法。设计是社会、科技、文化等多方面发展的产物，是由若干个包括功能、结构、形态、色彩及环境等相互联系的要素构成的集合体。这些要素不是各自独立的，而是一个统一协调的整体。要成为一名真正的产品设计师需要学习的内容还有很多，要走的路也很长，产品形态的设计，是一个产品研发过程中重要的一环。我们现在常用的造型方式有重组、渐变、相交、分散、求异、重复等，这也是构成的造型内容，学会这样的方法，再结合产品本身材质、功能以及环境等多方面因素，最终设计出整体协调、人性化的产品。

图 3-18 "鱼跃"系列办公桌面书笠、笔筒和纸巾盒
（品牌 SAY·WOOD/ 设计：王丽、陈杭君）

图 3-19 调味罐
（品牌 SAY·WOOD/ 设计：王丽、李晓慧）

SAY·WOOD 品牌的"鱼跃"四件套收纳，从"鱼"的整体之二维形态的构思（图 3-16）到结合功能后的产品设计（图 3-17），功能多样，组装方便灵活，整合收纳、手机、笔筒、名片摆放等功能，橡胶木制，形态简洁自然而富有趣味。办公桌面书笠、笔筒和纸巾盒系列（图 3-18），鲸鱼自然元素的提取，也是从二维构思到三维产品的设计过程。色彩搭配时尚，简约又不失高雅，与自然完美的整合。SAY·WOOD 品牌的调味罐（图 3-19），从"鱼"的局部——鱼头、鱼鳍、鱼尾二维形态构思的变化到结合功能后的产品设计，盖子把手富有造型变化，随意摆放都是一道风景线，每一个器具的设计都是对生活品质的追求向往。

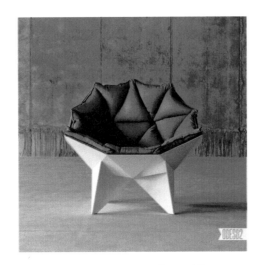

图 3-20　ODESD2 的 Q1 座椅

图 3-21　Folkform 的方体书柜

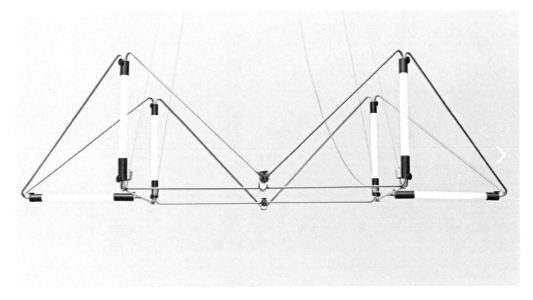

图 3-22　mobi 照明灯

图 3-23　PlayTime 时钟

ODESD2 是乌克兰的一个专注于座椅设计的设计工作室，其作品大多结合了一定现代建筑的特征，并且非常符合人体工程学的需求，外型显得刚硬于形，实则柔软于心。图 3-20 的 Q1 休闲座椅由多个相同的三角形组合成整体的半球形。其构思基于巴克敏斯特·福勒（美国哲学家、建筑师和艺术家）球形屋顶设计，这种类似球形穹顶的构造承重能力更大，而且凌厉的线条结合舒适的内饰，相得益彰。从构成的造型分拆就是面与面之间的几何球面组合。

产品的造型也是对于空间中点线面的处理组合过程。图 3-21 是瑞典家居品牌 Folkform 推出的一款书柜。产品借鉴了护栏的形式，设计师抛开了传统的柜门，用数根木条排列在方体框架下，分隔空间。布鲁克林的生产商 James Dieter 为我们带来的图 3-22 中的这款 mobi 照明灯。"mobi"显得十分简洁，外形呈集群形式的三角形状，外观的造型是构成中点与线的结合。它拥有可调灯管以及金属棒，也可通过各种形式来移位。使用者只需从它的悬挂点取出夹具来改变其形状，就可以轻松调整悬垂线夹的长度与位置以适应不同的照明需求。

亚洲的设计常常给人以一种雅致、含蓄的感觉。在图 3-23 中，这件出自韩国设计师 Chanju Park 之手的 PlayTime 简约时钟就很好地体现了这一点。一个圆面和一条线，用了构成中最基本的元素，设计成了一个时钟，可以说简单到过分的时钟。但同时，它也是一个蓝牙音频播放器。凭借其超大的闹钟美学和抛光饰面，钟表还是音响使人难以辨认，这正是其吸引力所在。它的针是"伪装"的数字音乐播放栏，指示音乐的持续时间就如同在音乐应用程序中看到进度条一样，而设计师将其具象为钟面的指针。此外，这个钟（播放器）的支架设计得非常之细小，位置也很隐秘，不仔细看的情况下还会产生它就是凭空立在桌面上的错觉。

儿童坐具所需要的设计不是"舒适"的成人椅子的缩小版本，而是一种全新的人体工程学方法和舒适感。图 3-24 是新西兰儿童福利机构使用的儿童座椅 Hideaway Chair。它是一个由弯曲木板和软垫组成的儿童椅，包括由四个半圆形部分组成的球形外壳。 Hideaway 的球形外壳可以在视觉与听觉上一定程度地保护儿童的隐私，为孩子们提供了一个让他们感到放松的时尚的环境。每块弯曲的层板之间存在着间隙，每个软垫面板使用夹子固定在椅子上，以便于清洁和更换。此外，其还可以拆分成若干个相同的小模块，以便在运输中节省空间。

图 3-25 是一位冰岛的设计师在研究了"中国结"之后为人们带来的一款抱枕。根据不同的打结方式，它可以有丰富的形状，它的造型取决于粗线之间的相互纠葛缠绕，构成一个整体的抱枕。线元素的材料化表现，使用者甚至可以自行拆掉还原成一条粗线，然后重新打结形成自己想要的形态。这些抱枕的表面材质是不同颜色的毛线织物，中间塞入填充物，非常温暖居家生活。

人的创意是无可限量的，设计师可以从世上任何地方采集灵感，并结合到设计中去，这些作品往往能惊艳众人。图 3-26 是荷兰设计师 Robert Van 为我们带来的 Rising furniture。这是一款非常有名的设计，设计师从错综复杂的自然形式中寻找灵感，从一个平面优雅地"飞变"为造型独特的家具。这一系列的硬木制家具有桌子、椅子还有边桌，实用并且独特。创新的铰链系统保证了这个系列重量轻，易于变形且坚固。独特的结构使家具可以轻松地变形以适应运输、储存等多种需求，非常的便捷。它的结构使得其造型显示出很强的立体构成感，平铺时它只是一个普通的平面，在其"飞变"至椅或者桌之后，从二维平面变为了一个三维立体的空间。在这个空间中，组成家具的一根根木条就是一条条交错排列开来的线，共同组成了这个立体的空间。

图 3-24　新西兰儿童福利机构的 Hideaway Chair

图 3-25　绳结构抱枕

图 3-26　Rising furniture

如图 3-27，OXO 微波炉手套，表面有凸起的小点，在与物品接触的区域形成了一个整齐的阵列排布，并且点随着手套与物品直接接触可能性大小的变化向四周逐渐变小直至消失。这些点是为了减少手套高温物品直接接触而存在的，以此来加强隔热效果并延长手套使用寿命。

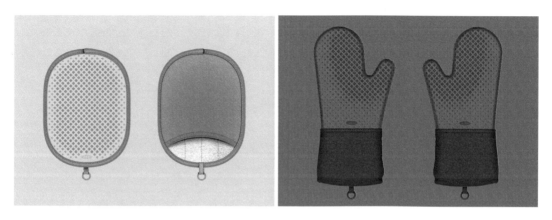

图 3-27　OXO 微波炉手套

图 3-28　Georg Jensen 品牌茶具（设计者：隈研吾）

图 3-29　Radius 系列家具

图 3-30　鱼骨小窝图（设计者：韩国 POTE 工作室）

　　在图 3-28 这款日本设计师隈研吾为 Georg Jensen 品牌设计的茶具中，茶杯与茶罐外层包裹着一层由金属线交错构成的保护网，这一层保护网避免了金属茶具本身与外界接触过程中的磨损与变形，也可以在递上茶碗时避免烫伤，同时交错的金属线极具构成之美。点线面的构成在产品形态中是普遍存在的，如图 3-29 中的这款 Radius 系列家具，也具有很强的线条构成感。

　　模仿自然界的生物造型，将其中的主要元素进行提炼和抽象化，转化为产品的造型，这是造型中经常使用的方法。图 3-30 是韩国 POTE 工作室设计的一款别致的宠物小窝。这款产品采用了猫咪最爱的鱼骨头作为其造型的来源，从构成的角度分析，这款产品是线元素的一种抽象仿生组合。其采用轻量化的桦木胶合板材质打造，底部铺设厚厚的衬垫，小屋的顶部和底部都设有垂直于平行鱼骨主体的"脊柱"，采用木工工艺替代螺丝胶合的方式，保证结构稳固性的同时不破坏整体美观，底部设有四片"鱼鳍"作为支脚，门脸开在鱼骨的头部，为宠物提供如同封闭空间的安全感。

3.3 产品设计网站资源导航

当代社会中，网络是我们获取信息的主要平台。在互联网世界中，拥有很多工业设计相关网站，它们为许多设计工作者提供了交流创意、灵感，分享设计经验的有效途径。产品设计类网站类别众多，大致可以分为以下三类：设计门户型，帮你搜罗最新的设计和创意；设计公司型，奋战在行业一线的最新资料；设计师个人网站型，设计师的碎言碎语，也会铺些自己的设计作品。以下是一些较好的工业设计相关网站的简略介绍。

图 3-31　设计网站 LOGO

普象工业设计小站（www.pushthink.com）

普象是专注于工业设计师原创作品发布的网络平台，旨在为工业设计专业人群搭建更高效的沟通途径，为更多的原创设计作品搭建更有效地发布、孵化服务平台。普象工业设计小站成立于 2011 年，如今已成为国内最受欢迎的工业设计领域网络社区之一。主要四大业务板块：媒体、教育、电商、原创社区，将继续为以产品设计为核心的设计生态链服务，为中国原创设计品牌的崛起而奋斗。小站的公共微信平台，是中国产品设计类最大的微信公共平台之一，聚集超过 200 万的注册用户，其中 70% 用户是设计专业相关人群，包括设计公司、企业、设计师、学生等，每天 6:30 准时推送全球最新设计资讯，成为中国设计师每日必备早餐。小站以工业设计为主，覆盖平面设计、室内设计等多个设计领域。

花瓣网（www.huaban.com）

花瓣是一家"类 Pinterest"网站，是一家基于兴趣的社交分享网站，网站为用户提供了一个简单地采集工具，帮助用户将自己喜欢图片重新组织和收藏。花瓣网上面的分享内容完全是由用户自身兴趣决定的，用户分享什么，其他用户就能搜索到什么（合法前提下）。花瓣网可以比做一个工具，一个帮助你收藏灵感的工具。采集是第一步，是一个聚合的过程，花瓣网本身在后期过程当中，能够通过它的算法帮你推荐，比如说那些你可能感兴趣的东西，帮助你来节省花费自己想要信息的时间。花瓣网设有工业设计专区。在该区块，其他用户的收集将会以"瀑布式"的加载形式一个一个地展现出来。通过点击图片或者收集的标题，用户可以看到该分享的具体信息，以及同一画板中的其他收集。

设计癖（www.shejipi.com）

设计癖是中国领先的设计媒体，致力于帮助人们发现好设计。它通过设计连接品牌和大众消费者，帮助企业改进产品设计、拓展销售渠道、提升品牌形象。设计癖包含一定的产品购买功能，它的推送也包含一定的推销性质，但不同于其他纯商业模式的购物网站，设计癖所推送的产品必然是经过筛选的，具备优秀设计的产品。同时，设计癖通过与国内外知名品牌、设计公司、设计大赛以及设计大咖合作，不断传递着第一手的设计资讯。

明日志（www.mottimes.com）

明日志是一个中国台湾的设计类门户网站。该网站向用户传递着全球设计产业的创新、经营概念，以及品牌故事。明日志是一个很有态度的网页站，新与全面是它的特点。它所推送的各类信息，往往是全球设计圈内的最新动态。明日志成立于 2011 年 11 月 11 日，是一家专注于工业产品、家具与建筑设计的专业媒体。每日更新第一手全球各地的设计新闻，以及每周更新趋势报道、焦点人物与深入分析的报道；并定期专访全球百大设计人物、品牌经营者，深入观察国际设计趋势。此外，明日志每月也针对特定设计议题，规划系列报道与深度专题，专业的采访编辑群与各国的驻外记者，以深入浅出的报道方式，即时针对家具、室内、建筑、城市、艺术等议题，带来最新、最有观点、最有趣全面的第一手报道。配合每月专题，明日志还不定期推出多元的活动与讲座，探讨设计产业的最新潮流。

国外的工业设计门户在中国的兴起可以说是最近几十年的事情。但在国外，特别是在西方发达国家，他们关注设计比我们要早得多。国外优秀的，专门面向设计的网站的建设也比我们国内更加完善齐全。Yanko design、Design milk、design boom 等一些网站则是其中的典范。

YankoDesign（www.yankodesign.com）

世界最流行的极具影响力的网络工业设计杂志，涵盖了工业设计的各个方面，有很多前卫的概念产品设计，是目前北美、澳洲、日本、印度等地区最具人气的工业设计发布站点。Yanko 致力于涵盖国际产品设计的最佳领域。它对最新的、创新的、独特的和未被发现的事物充满热情。网站的信息主要分为了以下几块：产品设计（PRODUCT DESIGN）、科技（TECHNOLOGY）、交通工具（AUTOMOTIVE）、建筑（ARCHITECTURE）、产品购买（DEALS）、随机展示（RANDOM）以及设计汇总（SUBMIT）这几个主要区域。这几个领域主要是向用户展示优秀设计案例、宣传设计理念以及设计品牌推广。

Design Milk（www.design-milk.com）

设计师专用的牛奶，为每一位设计工作者提供丰富全面的营养！这个名称充满着人情味与趣味感。网站的内容也正如其名，种类丰富，信息全面。Design Milk 主要致力于现代设计，其网站更新极其迅速，每隔几个小时它就会有新的内容出现在顶端。推送内容涵盖了艺术、建筑、室内设计、家居与装饰、时尚和技术等多个设计层面，而且每条设计信息都有文字与图片的介绍。Design Milk 可以说是一大杯装满了来自世界各地的设计鲜牛奶。Milk 的最大特色在于其 COLUMNS 区块下的各类期刊形式的综合报道。如果说整个网站是一大杯牛奶的话，那它就是其中的精华成分。

まとめのインテリア（www.matomeno.in）

网站的全称翻译成中文大致为家居生活杂货铺。该网站是一个创意分享网站，汇集了众多有趣的创意产品设计。非常适合我们去发现亮点，汲取灵感。该网站初看给人一种个人收集网站的感觉，但其实刊载在其上面的设计作品有上万件之多，其中还拥有许多日本著名设计师如喜多俊之、佐藤大、深泽直人等国际设计界享有盛誉的设计大家。这个网站的极简排版，还使得我们在浏览时可以轻松地克服语言的障碍，简单的几个日文，借助翻译工具就能轻松地解决。而真正的设计理念和创意则依靠大家看图分析的能力去解决了。

Design boom（www.designboom.cn）

Design boom 是一个拥有 18 年历史的意大利工业设计网站，在全球设计行业中具有较高的知名度，该网站在 2014 年正式引入中国，同年 4 月，Design boom 中文站正式上线，中文译名"设计邦"。设计邦自成立起便致力于设计的宣传与推广，从欧洲逐渐发展为世界范围内的设计交流桥梁，向全世界介绍全世界优秀的设计。Design boom 在工业设计、建筑室内、智能科技、艺术等领域有着世界级导向作用的独家报道。

nendo 工作室（www.nendo.jp）

佐藤大，可以说是当代日本设计界最具影响力的青年设计师。而其所创办的 nendo 工作室，拥有着众多的佐藤大与其团队一起设计研发的产品，这些产品包括大量让世界惊艳的作品。而这些作品都会按照其研发年份，集中展示在 nendo 的官网上。"nendo"是日语中黏土的发音，黏土具有很强的灵活可塑性，佐藤大以此为工作室的名称，旨在强调产品设计造型应具备功能性与趣味性，并在设计过程中保持一种日本传统陶艺匠人的工匠精神。Nendo 的作品充斥着浓浓的日式风格，可以说是日本"性冷淡"风格的极致体现。在 nendo 的网站上，主要关注其作品（works）、理念（concept）这两大区域。这些作品都是 nendo 工作室历年来为各大知名品牌所做的产品设计，其中不乏 MUJI、三宅一生等全球知名品牌。Nendo 的作品体现出一种崇尚自由、轻松、灵活的风格，创意往往来自于生活之中的点点滴滴，极具功能性。而其形式及其简单，强调材质本身的体现，不会去刻意地追求某种形式，但每件产品都充满了趣味性。

MOTO 设计工作室

MOTO 设计工作室是韩国本土一个非常优秀的专注于各类电器设计的老牌工作室。MOTO design 成立于 1988 年，一直致力于家用电器类产品设计。MOTO 收到全球众多大型家电企业的工业设计邀请，包括美国、中国、日本和德国的企业，其设计竞争力得到了国内外的一致认可。MOTO 的每一件产品都是为全球各类企业设计的，以及投入批量生产的工业设计产品。可以说，MOTO 真的是全心全意投入到工业设计行业之中的优秀工作室。

参考文献

[1] 王丽. 二维形态构成在工科类工业设计专业的教学探索 [D]. 浙江理工大学，2012-9.

[2] 王丽. 工科类工业设计专业构成教学改革探索 [J]. 科教导刊，2012（10）.

[3] 张嘉铭. 立体构成 [M]. 北京：中国青年出版社，2015.

[4] 盛菲菲，欧阳莉. 设计构成 [M]. 重庆：西南师范大学出版社，2011.

[5] 张辉主. 平面构成 [M]. 北京：中国水利水电出版社，2011.

[6] 叶丹，潘洋. 构形原理：三维设计基础 [M]. 北京：中国建筑工业出版社，2017.

[7] 叶丹，张祥泉. 设计思维 [M]. 北京：中国轻工业出版社，2015.

[8] 孙有强. 形态解析表现与设计 [M]. 上海：东华大学出版社，2015.

[9] 郭茂来. 构成实训指导 [M]. 北京：中国水利水电出版社，2011.

[10] 郦亭亭. 植物形态平面设计 [M]. 北京：北京出版集团公司，2016.

[11] （美）盖尔格里特·汉娜. 设计元素 [M]. 北京：中国水利水电出版社，2003.

[12] 何靖. 构成之美 [J]. 福建艺术，2007（3）.

[13] 宋莉. 中国传统造型艺术研究 [OL]. 2016-06.
       http://www.docin.com/p-1341176647.html.

[14] 安君，姚若琳. 传统审美观在艺术设计中的实践 [J]. 今传媒，2014（12）.

[15] 李伟新. 产品设计的造型语言 [J]. 美术学报 2001，2（29）.

[16] 尹定邦. 设计学概论 [M]. 长沙：湖南科技出版社，2009.

[17] 王受之. 世界现代设计史 [M]. 北京：中国青年出版社，2002.

[18] 阿洛瓦·里格尔. 风格问题 [M]. 长沙：湖南科技出版社，1999.